Sitzungsberichte der
Akademie der Wissenschaften
der DDR
Mathematik – Naturwissenschaften – Technik

9-1-N

1975

Festvorträge der wissenschaftlichen Konferenz der Akademie anläßlich des 275. Akademiejubiläums

AKADEMIE-VERLAG · BERLIN

Sitzungsberichte der
Akademie der Wissenschaften der DDR
Mathematik — Naturwissenschaften — Technik

Jahrgang 1975 · Nr. 9/1/N

Festvorträge der wissenschaftlichen Konferenz der Akademie anläßlich des 275. Akademiejubiläums

AKADEMIE-VERLAG · BERLIN
1975

Vorträge der Ordentlichen Akademiemitglieder
Karl Schröter, Heinz Bethge und Heinz Stiller
auf der wissenschaftlichen Konferenz der Akademie
anläßlich des 275. Gründungstages der Akademie
der Wissenschaften der DDR am 9. Juli 1975

Herausgegeben im Auftrage
des Präsidenten der Akademie
der Wissenschaften der DDR
von Vizepräsident Prof. Dr. Heinrich Scheel

Erschienen im Akademie-Verlag, 108 Berlin, Leipziger Str. 3—4

Lizenznummer: 202 · 100/277/75
Gesamtherstellung: VEB Druckhaus Köthen
Bestellnummer: 752 857 4 (2010/75/9/1/N) · LSV 1005
Printed in GDR
EVP 4,—

Inhalt

Karl Schröter

Paradigmatische mathematische Probleme

Die Mathematik ist eine weitgehend unbekannte Wissenschaft. Sogar die grundlegenden mathematischen Begriffe und Lehrsätze, die jedermann dauernd verwenden muß, sind in weiten Kreisen der Bevölkerung so gut wie unverstanden. Und kaum jemand weiß, was mathematische Forschung ist bzw. womit die Mathematiker sich bei ihren Forschungen beschäftigen. Daß die Mathematik tatsächlich in diesem Maße unbekannt ist, läßt sich leicht durch Befragung eines repräsentativen Teiles der Gesamtbevölkerung oder, was noch interessanter sein dürfte, eines repräsentativen Teiles bestimmter ausgewählter Bevölkerungsgruppen beweisen. Einer solchen Befragung könnten etwa folgende Fragen zugrunde gelegt werden:

1. Frage: Was sind natürliche Zahlen? Was sind ganze Zahlen, rationale Zahlen, reelle Zahlen und evtl. komplexe Zahlen?
2. Frage: Wie lautet das Euklidische Parallelanaxiom? Mit der Zusatzfrage: Welche Geometrie gilt auf der Erdkugel, auf der wir leben?
3. Frage: Wie lautet der Hauptsatz der Differential- und Integralrechnung, durch den der Zusammenhang von Differenzieren und Integrieren hergestellt wird?
4. Frage: Kennen Sie ein in den letzten 50 Jahren gelöstes mathematisches Problem von grundsätzlicher Bedeutung? bzw.: Womit beschäftigt sich die mathematische Forschung?

Die angegebenen Fragen sind nicht etwa besonders schwierig oder ausgefallen. Die beiden ersten Fragen gehören vielmehr zum Unterrichtsstoff der zehnklassigen Oberschule. Sie müßten also von etwa 80 Prozent der Bevölkerung glatt beantwortet werden können. Die dritte Frage gehört zum Stoff der erweiterten zwölfklassigen Oberschule. Sie muß also von jedem Abiturienten, von jedem Fach- und Hochschulstudenten und infolgedessen von jedem Diplom-

Wissenschaftler, Naturwissenschaftler und Gesellschaftswissenschaftler beantwortet werden können.

Besonders interessant dürften die Antworten auf die vierte Frage ausfallen. Hierbei wird wahrscheinlich die elektronische Datenverarbeitung und die Rechentechnik an erster Stelle genannt werden. Das ist zwar nicht ganz falsch, aber sehr einseitig, wie man sofort durch folgenden Vergleich erkennt. Der biedere Rechenmeister Adam Ries, der die Rechentechnik seiner Zeit verkörpert, spielt in der Geschichte der Mathematik, auch der seiner Zeit, nur eine ganz geringe Rolle; er gehört, genaugenommen, gar nicht in die Geschichte der Mathematik. Und die Stellung der modernen Rechentechnik mit ihren elektronischen Rechenautomaten und ihren sogenannten Sprachen „Algol", „Cobol" usw. ist im System der Mathematik die gleiche wie die gar nicht so einfache Technik des Rechnens zur Zeit von Adam Ries.

Bei der Beantwortung von Frage vier werden sicher alle Mißverständnisse, die bei der Beurteilung der Mathematik schon immer eine Rolle spielten, wieder auftauchen. Diese Mißverständnisse sind schon von Lichtenberg gekennzeichnet worden. Lichtenberg sagt dem Sinne nach, daß viele Menschen der Meinung sind, die Mathematik sei eine Art von Zauberwissenschaft: Grundsätzlich könnten die Mathematiker jedes Problem lösen, aber, so fährt er fort: Der liebe Gott bzw. die Obrigkeit habe es ihnen verboten, oder, was noch schlimmer sei, die Mathematiker selbst wollten nicht. Und gerade dieser Vorwurf wird heute häufig erhoben. So wird von manchen Physikern mit tiefem Bedauern festgestellt, die Mathematik beschäftige sich seit etwa 50 Jahren nur noch mit von ihr eigens zu diesem Zweck erfundenen, sogenannten innermathematischen Problemen, was in Wirklichkeit natürlich keineswegs der Fall ist. Es wird dann weiter behauptet, die Mathematik komme infolgedessen ihren Verpflichtungen zu interdisziplinärer Zusammenarbeit nicht nach und vor allem, und dieser Vorwurf wird tatsächlich immer wieder erhoben, die Mathematik leiste nicht ihren Beitrag zur Entwicklung der Produktivkräfte. Es wird dann verlangt, die Mathematiker sollten ihre „Hobby-Forschung", die sie angeblich nur um ihrer selbst willen betreiben, einschränken oder ganz einstellen und sich endlich wieder etwa physikalischen ungelösten Problemen, die wirklich von Bedeutung seien, zuwenden. Dieser Kritik liegt doch offenbar die Meinung zugrunde, die Mathematik sei nur eine Art von Hilfswissenschaft und die Mathematiker so eine Art von Hilfstruppe, die man dann einsetzen könne, wenn etwa die theoretische Physik, wie dies in gewissen Gebieten der Fall ist, noch nicht imstande ist, eine systematische Theorie für gewisse Erscheinungen zu liefern.

Angesichts dieser vollständigen Unbekanntheit der Mathematik haben viele, besonders jüngere Mathematiker kapituliert. Diese Kapitulation äußert sich in zweifacher Hinsicht. Häufig tarnen die Betreffenden ihre eigenen Forschungen als besonders wichtig für die Anwendungen, während in Wirklichkeit die betreffenden Untersuchungen ebensoviel oder auch ebensowenig wie andere mathematische Forschungen einer unmittelbaren Anwendung fähig sind. Und andererseits wird oft behauptet, daß es überhaupt unmöglich sei, die Probleme, mit denen sich die mathematische Forschung beschäftigt, für einen größeren Kreis verständlich darzustellen. Ich halte gerade die letzte Meinung nicht nur für falsch, sondern für äußerst verhängnisvoll. Es ist vielmehr möglich, und hierbei stimme ich insbesondere Hilbert zu, jedes Problem und infolgedessen auch jedes mathematische Problem von wirklich grundlegender Bedeutung für jeden, der überhaupt für wissenschaftliche Forschungen aufgeschlossen ist, verständlich darzustellen. Es muß also möglich sein, nicht nur in der Klasse Mathematik, sondern auch im Plenum unserer Akademie wirklich grundlegend wichtige mathematische Probleme zu behandeln.

Hilbert hat 1900 in einem berühmt gewordenen Vortrag auf dem ersten internationalen Mathematiker-Kongreß zu Paris 23 mathematische Probleme von grundlegender Bedeutung formuliert. Er hat die Auswahl so getroffen, daß anzunehmen war, daß die betreffenden Probleme in absehbarer Zeit einer Lösung zugeführt werden könnten. Hilbert hat mit diesem Vortrag ein hervorragendes Beispiel von Prognose und Planung der mathematischen Forschung gegeben. Die Hilbertschen Probleme haben auf die mathematische Forschung der ersten Hälfte des 20. Jahrhunderts einen großen Einfluß ausgeübt; die mathematische Forschung wird noch heute von ihnen angeregt oder wie man im modernen informationstheoretischen Slang wohl sagt: stimuliert. Natürlich fehlen auch gewisse Probleme, die selbst Hilbert damals nicht voraussehen konnte. Es wäre sehr interessant, gerade darauf einzugehen, welche derartigen von Hilbert nicht genannten Probleme heute gelöst sind bzw. einer weiteren Behandlung bedürfen. Wie groß die Wirkung des Hilbertschen Vortrages war und noch ist, geht z. B. daraus hervor, daß in den letzten Jahren nochmals eine Übersetzung ins Russische erschienen ist und daß in dieser Ausgabe eingehend von den hervorragendsten sowjetischen Mathematikern über den gegenwärtigen Stand der Behandlung dieser Probleme berichtet wird.

Es ist häufig der Versuch gemacht worden, nach dem Beispiel von Hilbert die weitere Entwicklung der Mathematik durch Formulierung mathematischer Probleme anzuregen. Keiner dieser Versuche hat einen ähnlichen Erfolg erzielt wie der Hilbertsche. Es wäre vermessen, einen weiteren Versuch zu unternehmen. Vielmehr sollen im folgenden beispielhaft einige mathematische Probleme formuliert werden, um damit zu zeigen, was wirklich mathematische Forschung ist. Ich will hierbei die mathematischen Probleme in 4 Klassen einteilen. Diese Klassen sind nicht disjunkt, vielmehr ist der Übergang von einer Klasse zur anderen fließend. Die Klasseneinteilung ist auch möglicherweise nicht erschöpfend; die Klassen sollten vielleicht auch noch weiter unterteilt werden. Bei der Kürze der Zeit, die mir zur Verfügung steht, werde ich mich darauf beschränken, aus jeder Klasse ein Beispiel anzugeben.

Aus den Klassen 1 bis 3 wähle ich jeweils ein Beispiel aus der mathematischen Grundlagenforschung im engeren Sinn, die ich besonders gut kenne. Damit soll jedoch kein Hegemonieanspruch für die mathematische Logik und Grundlagenforschung erhoben werden. Ich hoffe vielmehr, daß im Zusammenhang mit diesem Vortrag weitere Probleme, die von Mitgliedern der Klasse Mathematik formuliert werden, veröffentlicht werden können.

Zur ersten Klasse möchte ich Probleme rechnen, die im Hilbertschen Sinn von grundlegender Bedeutung sind, bei denen aber zur Zeit ein Weg zur Lösung noch nicht angedeutet werden kann. Bei diesen Problemen erweist sich gerade die fundamentale Bedeutung der Mathematik. Es müssen häufig erst die Begriffsbildungen selbst gefunden bzw. neu gefaßt werden. Es handelt sich also um die mathematische Formulierung gewisser Probleme der Natur- und auch der Gesellschaftswissenschaften und insbesondere solcher Gebiete, in denen es bisher nicht gelungen war, mathematische Begriffsbildungen und Sätze zu entwickeln. Als ein Problem aus dieser ersten Klasse, bei dem die Entwicklung schon etwas fortgeschritten ist, formuliere ich das folgende

Problem 1:

Die Anwendung der mehrwertigen Mathematik in physikalischen Theorien, evtl. in der Theorie der Elementarteilchen.

Bekanntlich ist es in den letzten Jahrzehnten grundsätzlich gelungen, mathematische Theorien auf der Grundlage einer mehrwertigen Logik zu entwickeln. Die betreffenden Untersuchungen sind ziemlich weit fortgeschritten, haben allerdings zum Teil noch nicht einen abschließenden systematischen Charakter erreicht. Es wäre für die Forschung, auch für die weitere Entwicklung der mehrwertigen Mathematik von prinzipieller Bedeutung, wenn es möglich wäre, diese in einer physikalischen Theorie wirklich angemessen anzuwenden. Die Lage ist hier ähnlich wie bei der Riemannschen Geometrie. Diese wurde zunächst als eine rein geometrische Theorie entwickelt. Ihre durchschlagende Bedeutung hat sich dann bei ihrer Anwendung in der Einsteinschen Gravitationstheorie erwiesen. Es ist durchaus möglich, daß dies für die mehrwertige Mathematik etwa in der Theorie der Elementarteilchen ähnlich der Fall sein wird.

Bei der zweiten Klasse mathematischer Probleme handelt es sich ebenfalls um Probleme, die im Hilbertschen Sinne von grundlegender Bedeutung sind, bei denen die Entwicklung aber schon erheblich weiter fortgeschritten ist.

Hierzu gehören fast alle von Hilbert formulierten, noch nicht erledigten Probleme. Die Probleme der 2. Klasse sind häufig deshalb von besonderer Bedeutung, weil durch sie die Tragweite und die Grenzen der mathematischen Begriffsbildungen und Theorien erst richtig erkannt werden. In vielen Fällen handelt es sich auch um Querverbindungen zwischen verschiedenen mathematischen Disziplinen. Als ein Problem, das ich zur 2. Klasse rechnen möchte, formuliere ich das folgende

Problem 2:

Die Unentscheidbarkeit gewisser Aussagen der elementaren Zahlentheorie durch Angabe von Nicht-Standard-Modellen.

Bekanntlich hat Gödel bewiesen, daß es in jeder widerspruchsfreien, hinreichend ausdrucksfähigen mathematischen Theorie stets wahre Aussagen gibt, die mit den Hilfsmitteln der betreffenden Theorie nicht beweisbar sind. Und B. Rosser hat dieses Ergebnis dahingehend verallgemeinert, daß es in jeder derartigen Theorie auch nachweisbar unentscheidbare Aussagen gibt, d. h. Aussagen, die mit den Mitteln der betreffenden Theorie weder beweisbar noch widerlegbar sind. Das Gödelsche Unvollständigkeits- bzw. Unentscheidbarkeitstheorem ist sicher eines der bedeutendsten Ergebnisse der mathematischen Forschung der letzten 50 Jahre überhaupt. Ich habe mit großem Vergnügen festgestellt, daß es in einem Gedicht eines modernen Lyrikers, nämlich in dem Gedicht *Hommage à Gödel* von Hans Magnus Enzensberger, in dem Poesiealbum 84 des Verlages Neues Leben (Berlin) vollkommen richtig und in seiner Bedeutung zutreffend wiedergegeben worden ist. Zu den im Gödelschen Sinn hinreichend ausdrucksfähigen Theorien gehört als besonders wichtiger Fall schon die elementare Zahlentheorie. Für sie hat G. Gentzen einen konstruktiven Widerspruchsfreiheitsbeweis geführt. Der Gödelsche Unvollständigkeitsbeweis beruht nun darauf, daß es möglich ist, die Syntax der elementaren Zahlentheorie, wie man sich ausdrückt, zu arithmetisieren. Dadurch wird es möglich, in der elementaren Zahlentheorie einen Satz zu formulieren, der bei der Arithmetisierung der Syntax gerade seine eigene Unbeweisbarkeit besagt. Dieser Satz der elementaren Zahlentheorie erweist sich dann als unbeweisbar, falls die elementare Zahlentheorie, was nach Gentzen der Fall ist, widerspruchsfrei ist. Da der betreffende Satz seine eigene Unbeweisbarkeit besagt und dies zutrifft, ist er außerdem natürlich wahr. Man sieht, daß der so konstruierte, effektiv angebbare Satz recht kompliziert ist; und vor allem ist seine eigentliche zahlentheoretische Bedeutung wenig einsichtig. Es wäre nun ein großer Fortschritt für die gesamte Mathematik und insbesondere für die Zahlentheorie, wenn es gelänge, einen möglichst einfachen Satz, etwa den großen Fermatschen Satz oder ein anderes ungelöstes zahlentheoretisches Problem, direkt modelltheoretisch als auf Grund des Peanoschen

Axiomensystems unentscheidbar nachzuweisen. Es müßten also zwei Modelle, sogenannte Nicht-Standard-Modelle, für das PEANOsche Axiomensystem angegeben werden, wobei in dem einen der betreffende Satz und in dem anderen seine Verneinung falsch werden. Diese Problemstellung ist keineswegs hoffnungslos; denn in einem im Grunde genommen komplizierteren Fall, nämlich in der allgemeinen Mengenlehre, ist es gelungen, Nicht-Ableitbarkeits-Beweise und damit auch Nicht-Entscheidbarkeits-Beweise direkt unter Verwendung von Nicht-Standard-Modellen zu führen.

Bei der 3. Klasse mathematischer Probleme handelt es sich gewöhnlich darum, gewisse Lücken beim Aufbau mathematischer Theorien zu schließen. Derartige Probleme werden in Staatsexamensarbeiten, in Diplomarbeiten, in Dissertationen, in Habilitationsschriften und dergleichen behandelt. Man findet viele derartige Probleme in der Literatur. Auch sie können unter Umständen sehr schwierig sein; häufig werden sie erst später in ganz anderen Zusammenhängen neu aufgegriffen und dann einer Lösung zugeführt. Als ein Problem aus diesen 3 Klassen wähle ich das folgende

Problem 3:

Das Repräsentantenproblem für die Ausdrücke des Prädikatenkalküls der ersten Stufe mit Identität.

Bekanntlich läßt es sich leicht entscheiden, ob ein Ausdruck des Prädikatenkalküls der ersten Stufe ohne oder auch mit Identität für eine vorgegebene, von 0 verschiedene natürliche Zahl k k-zahlig allgemeingültig bzw. k-zahlig erfüllbar ist. Es erhebt sich nun umgekehrt die Frage, ob es zu einer vorgegebenen Menge von von 0 verschiedenen natürlichen Zahlen einen Ausdruck gibt, der für die natürlichen Zahlen k aus dieser Menge k-zahlig allgemeingültig bzw. erfüllbar ist, während dies für diejenigen natürlichen Zahlen, die nicht zu dieser Menge gehören, nicht der Fall ist. Für den Prädikatenkalkül der 1. Stufe ohne Identität läßt sich dieses Repräsentantenproblem leicht lösen. In diesem Fall lassen sich nämlich nur die endlichen Anfangsstücke (Abschnitte) der Menge der von 0 verschiedenen natürlichen Zahlen im Sinne der Allgemeingültigkeit und die Reststücke im Sinne der Erfüllbarkeit repräsentieren. Denn für $k \neq 0$ ist ein k-zahlig allgemeingültiger Ausdruck des Prädikatenkalküls der 1. Stufe ohne Identität auch für jede von 0 verschiedene kleinere natürliche Zahl allgemeingültig und ein k-zahlig erfüllbarer Ausdruck auch für jede größere natürliche Zahl erfüllbar. Für den Prädikatenkalkül der 1. Stufe mit Identität wurde das Repräsentantenproblem zuerst von HEINRICH SCHOLZ in seiner Bedeutung erkannt; es wird deshalb auch häufig nach ihm benannt. Es ist bisher nicht gelungen, arithmetisch einsichtig diejenigen Teilmengen der Menge der natürlichen Zahlen zu charakterisieren, für die es einen im obigen

Sinne repräsentierenden Ausdruck des Prädikatenkalküls der 1. Stufe mit Identität gibt.

Das weitestgehende Resultat wurde bisher von GÜNTER ASSER (Greifswald) erzielt. Eine vollständige Charakterisierung der genannten Klasse von Teilmengen der Menge der natürlichen Zahlen steht jedoch aus. Dies liegt wahrscheinlich daran, daß sich diese Klasse mit Hilfe bekannter arithmetischer Eigenschaften nur schwer charakterisieren läßt. Aber gerade deshalb wäre eine derartige Charakterisierung dieser Klasse besonders wichtig. Denn die Charakterisierung von Klassen von Teilmengen der Menge der natürlichen Zahlen ist für viele Untersuchungen von großer Bedeutung. Es ist außerdem anzunehmen, daß die Lösung von Problem 3 auch für die Anwendungen in der Algorithmentheorie, in der Theorie der rekursiven Funktionen und damit in der Rechentechnik von Bedeutung sein wird.

Bei den Problemen der 4. Klasse schließlich handelt es sich, wie ich mich ausdrücken möchte, um „Hobby-Probleme". Es sind dies Probleme, die häufig nur als Kuriositäten erscheinen, weil sie in keinem systematischen Zusammenhang mit anderen mathematischen Problemen und Ergebnissen stehen. Sie sind fast immer leicht zu verstehen, aber wegen ihres isolierten Charakters schwer zu lösen. Sie regen oft sogenannte mathematische Laien, also eigentlich Liebhaber der Mathematik, an, sich mit ihnen zu beschäftigen. Als ein Beispiel möchte ich das folgende bekannte auf GAUSS zurückgehende Problem erwähnen.

Es ist bekannt, daß es C. F. GAUSS 1796 mit noch nicht 19 Jahren gelang, zu zeigen, daß das regelmäßige 17-Eck mit Zirkel und Lineal konstruiert werden kann. Diese erste bedeutende selbständige Entdeckung soll dazu geführt haben, daß GAUSS den Entschluß faßte, sein Leben der Mathematik zu widmen. GAUSS hat nun nicht einfach eine Konstruktion des regelmäßigen 17-Ecks vorgelegt. Er hat vielmehr allgemein mit Hilfe algebraisch-zahlentheoretischer Methoden gezeigt, welche regelmäßigen n-Ecke mit Zirkel und Lineal konstruiert werden können, oder anders ausgedrückt: für welche natürlichen Zahlen n der Kreis mit Hilfe von Zirkel und Lineal in n gleiche Teile geteilt werden kann. Die grundlegende Erkenntnis von Gauss war, daß die Kreisteilung für jede Primzahl der Form

$$2^{2^n} + 1$$

möglich ist. Für n = 0,1,2 ergibt sich auf diese Weise:

$$2^{2^0} + 1 = 2^1 + 1 = 3$$
$$2^{2^1} + 1 = 2^2 + 1 = 5$$
$$2^{2^1} + 1 = 2^4 + 1 = 17.$$

Daß das regelmäßige Dreieck und das regelmäßige Fünfeck mit Zirkel und Lineal konstruierbar sind, war GAUSS und ist allgemein bekannt. Für das 17-Eck war das Resultat neu. Darüber hinaus hat GAUSS gezeigt, daß man unter Beachtung von 2 Möglichkeiten alle regelmäßigen n-Ecke erhält, die mit Zirkel und Lineal konstruiert werden können. Zunächst einmal kann man natürlich mit einem regelmäßigen n-Eck durch Winkelhalbierung auch das regelmäßige 2n-Eck konstruieren. Und ferner kann, wenn p,q voneinander verschiedene GAUSSsche Primzahlen der Form

$$2^{2^n} + 1$$

sind, auch das regelmäßige $p \cdot q$-Eck konstruiert werden. Zum Beispiel ist das 15-Eck konstruierbar. Dies beruht auf der folgenden Zerlegung, die analog für beliebige teilerfremde Zahlen möglich ist:

$$\frac{1}{3 \cdot 5} = \frac{2}{3} - \frac{3}{5} = \frac{10}{15} - \frac{9}{15} = \frac{1}{15}.$$

Man kann also den Kreis in 15 gleiche Teile teilen, indem man ihn in 3 und in 5 gleiche Teile teilt, hierauf 2 der 3 gleichen Teile zusammennimmt und dann 3 der 5 gleichen Teile abzieht. Auf Grund der GAUSSschen Überlegungen ist damit das Problem der Kreisteilung gelöst. Die Teilung mit Zirkel und Lineal ist nämlich für genau diejenigen natürlichen Zahlen n möglich, die Potenzen von 2 sind bzw. sich darstellen lassen in der Form:

$$n = 2^l \cdot p_1 \cdots p_k,$$

wobei $p_1, \ldots, p_k$ paarweise verschiedene Gausssche Primzahlen sind.

Das Problem der Kreisteilung ist aber damit dennoch nicht endgültig gelöst. Denn es erhebt sich die Frage:

Problem 4:

Für welche natürlichen Zahlen n ist

$$2^{2^n} + 1$$

eine Primzahl?

Für $n = 0,1,2$ ergeben sich die Primzahlen 3,5,17. Auch für $n = 3,4$ ergeben sich, wie man leicht nachrechnet, Primzahlen. Es ist jedoch keine GAUSSsche Primzahl mit $n > 4$ bekannt; und es ist auch nicht bewiesen, daß es für $n > 4$ keine weiteren GAUSSschen Primzahlen gibt. Das Problem 4 ist also bisher nicht gelöst.

Besonders bei den Problemen der Klasse 1 zeigt sich die fundamentale Bedeutung der Mathematik für die Erkenntnis. Sie wurde zuerst von LEIBNIZ in voller Allgemeinheit erkannt. LEIBNIZ hat sie einmal in dem Satz formuliert:

„Cum deus calculat, fit mundus.“ Läßt man hierbei die offenbar unnötige Hypothese der Existenz von „deus“ weg, so ist folgendes gemeint: Die gesamte Welt, in der wir leben, sowohl die Natur als auch die Gesellschaft, läßt sich erkennen mit Hilfe von Begriffsbildungen, die mathematischen Charakter haben. Und für diese mathematischen Begriffsbildungen gelten gewisse allgemeine mathematische Gesetzmäßigkeiten. Auf diese Art ist es möglich, mit Hilfe von mathematischen Begriffen und Sätzen Zusammenhänge in Natur und Gesellschaft zu erkennen bzw. zu verifizieren. Hierin besteht die fundamentale Bedeutung der Mathematik.

Unsere Akademie besitzt auf mathematischem Gebiet eine große Tradition. Ihr Begründer ist Gottfried Wilhelm Leibniz, der profundeste Mathematiker aller Zeiten. Im 18. Jahrhundert wurden die mathematischen Forschungen von dem Ordentlichen Mitglied der Akademie, Leonhard Euler, wahrscheinlich dem produktivsten Mathematiker, insbesondere Analytiker, aller Zeiten geprägt. Im 19. Jahrhundert war Carl Friedrich Gauss, den schon seine Zeitgenossen den „princeps mathematicorum“ nannten, Ehrenmitglied unserer Akademie. In der zweiten Hälfte des 19. Jahrhunderts hat Karl Weierstrass an der Berliner Universität und der Akademie der Mathematik, insbesondere der Analysis, ihre endgültige Begründung gegeben. Er hat darüber hinaus die Funktionentheorie, die für alle Naturerkenntnis von sehr großer Bedeutung ist, auf- und ausgebaut. Ihn verehrten schon seine Zeitgenossen als den großen Meister mathematischer Forschung. In der ersten Hälfte des 20. Jahrhunderts schließlich war David Hilbert, dessen säkulare Bedeutung als mathematischer Forscher immer mehr anerkannt wird, Ehrenmitglied unserer Akademie.

Der bedeutende Mathematiker und Physiker Hermann Weyl, noch Zeitgenosse von Hilbert, hat einmal die Befürchtung geäußert, daß beim Ausbleiben mathematischer Begabungen während mehrerer Generationen die Erkenntnisse der Mathematik und der theoretischen Physik einer späteren Generation als skurrile Entartungen des menschlichen Denkens erscheinen könnten. Diese Sorge ist sicher vollständig unbegründet. Denn der weitere Fortschritt der Mathematik hängt nicht ab von der zufälligen Verteilung biologisch bedingter, mathematischer Begabungen. In unserer sozialistischen Gesellschaft, in der die Wissenschaft eine zentrale Stellung einnimmt und sich frei entfalten kann, werden sich immer junge Menschen, und, wie ich hoffe, auch immer mehr solche weiblichen Geschlechtes, finden, die erfüllt sind von dem unbändigen Drang nach Erkenntnis. Wenn sie etwa bei den mathematischen Schülerolympiaden ihre Fähigkeiten zur Lösung von „Hobby-Problemen“ bestätigt gefunden haben, so werden sich aus diesem Kreis auch diejenigen herausschälen, die imstande sind, in einem mathematischen Studium weitere mathematische Probleme zu lösen. Und dieser Kreis studierter, evtl. promovierter Mathematiker bildet dann das Reservoir für die forschenden Mathematiker. Aus diesem werden schließlich die großen Meister ausgelesen. Sie werden auch an unserer Akademie die Folge fortsetzen, die ich genannt habe, die Folge: Leibniz, Euler, Gauss, Weierstrass, Hilbert.

Heinz Bethge

Molekulare Vorgänge auf Kristalloberflächen

Der Physiko-Chemiker Max Volmer war in den Jahren von 1956 bis 1958 Präsident unserer Akademie, deren Jubiläum wir feiern. Es ist mir eine besondere Ehre und Freude, auf dieser festlichen Versammlung über einige Arbeiten berichten zu dürfen, die eng an einen von Volmer zuerst aufgeworfenen und bearbeiteten Fragenkomplex anschließen.

In einer klassischen Arbeit beschrieben Volmer und Esterman 1921 [1] das Wachstum von Hg-Kristallen aus der Dampfphase. Die Versuchsanordnung war denkbar einfach: In einem evakuierten Glasgefäß befand sich am Boden Hg, dessen Temperatur (−10 °C) — und damit der Dampfdruck im Gefäß — durch ein Temperaturbad konstant gehalten wurde. In das Gefäß ragte ein Kühlfinger (−63 °C), an dem kleine, plättchenförmige Hg-Kriställchen wuchsen. Es war nun überraschend, daß die Ausdehnung der Kriställchen in der Basisfläche etwa 10 000× größer war als die Dicke.

Aus dem zur Temperatur gehörenden Dampfdruck kann die gaskinetische Stoßzahl, d. h. die pro Flächeneinheit und Zeiteinheit auftreffende Anzahl der Atome berechnet werden, und hieraus läßt sich bestimmen, wie schnell die Fläche wachsen müßte. Unter Wachstumsgeschwindigkeit ist hierbei die Dickenzunahme in Richtung der Flächennormalen zu verstehen. Die einfache Rechnung ergab, daß die Kriställchen in der Breite 1000× schneller, in der Dicke jedoch 10× langsamer wuchsen, obwohl, wie durch Wägung leicht festzustellen, alle auftreffenden Atome bei den gewählten Versuchstemperaturen kondensierten.

Zur Klärung dieses Befundes mußte nun zwangsläufig angenommen werden, daß die auf den ausgedehnten Basisflächen auftreffenden Atome dort zwar kondensieren, aber nur zu einem geringen Bruchteil in das Gitter dieser Fläche eingebaut werden. Der überwiegende Anteil der kondensierten Atome gelangt durch Oberflächendiffusion zu den Seitenflächen und wird dort eingebaut.

Aus diesen Ergebnissen zog Volmer nun zwei entscheidende Folgerungen:

1. Die verschiedenen Kristalloberflächen besitzen unterschiedliche Bindungsfähigkeit, oder — mit anderen Worten ausgedrückt —: auf der Basisfläche müssen weniger Wachstumsstellen zur energetisch günstigen Anlagerung der auftreffenden Dampfatome vorliegen als auf den Seitenflächen.
2. Von der Basisfläche müssen Atome, die nicht unmittelbar angelagert werden, durch Oberflächendiffusion zu den Seitenflächen gelangen.

Es sei noch einmal hervorgehoben, daß mit dieser Arbeit von Volmer und Esterman erstmals der Begriff der Oberflächendiffusion geprägt und in seiner Bedeutung für das Wachstum der Kristalle aus der Dampfphase erklärt wurde. Aufbauend auf Volmer haben dann später unabhängig voneinander Kossel [2] und Stranski [3] unter der selbstverständlichen Voraussetzung der Oberflächendiffusion das Kristallwachstum molekularkinetisch genauer untersucht. Aus energetischen Betrachtungen folgt, daß für das Wachstum jeweils einer Netzebene die Anlagerung eines Kristallbausteins in einer sogenannten Halbkristalllage (Abb. 1) bestimmend ist. Ein aus dem Dampfraum auftreffendes Atom

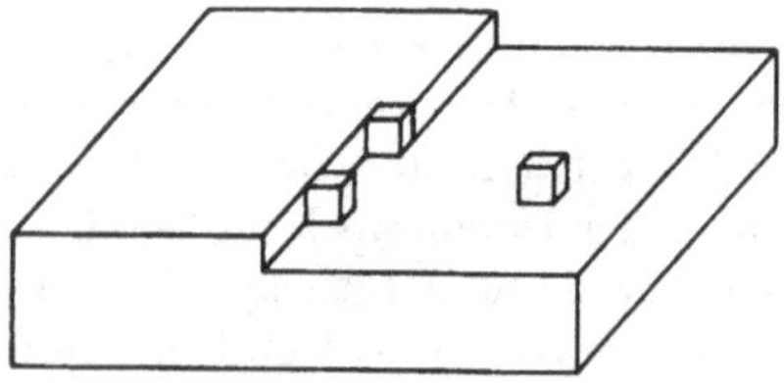

Abb. 1. Schem. Darstellung zur Anlagerung in einer Halbkristallage.

oder Molekül gelangt durch Diffusion zu einer Stufe und durch Diffusion entlang der Stufe zu einer Halbkristallage. Ist eine Netzebene abgeschlossen, muß auf dieser zunächst ein Keim gebildet werden, an dessen umrandender Stufe durch „wiederholbare Schritte“ der Anlagerung in einer Halbkristallage erneut das Aufbauen einer Netzebene erfolgt. Fragt man nach der Geschwindigkeit des Wachstums, so wird diese durch die Wahrscheinlichkeit der Keimbildung bestimmt. Auch unter Berücksichtigung der Schwierigkeiten, die Keimbildungswahrscheinlichkeit exakt zu bestimmen, ist es sicher, daß vor allem bei niedrigen Übersättigungen diese entschieden zu gering ist, um beobachtete Wachstumsgeschwindigkeiten zu erklären. Zur Beseitigung dieser Diskrepanz führte zuerst Frank [4] die Versetzungen in ihrer Bedeutung für das Kristallwachstum ein. Ein realer Kristall enthält Versetzungen, und je nach deren Dichte liegt auf einer Kristalloberfläche eine bestimmte Flächendichte von zur Oberfläche durchstoßenden Versetzungen vor. Hat eine Versetzung eine Komponente des Burgersvektors senkrecht zur Oberfläche — vereinfacht, wenn auch nicht exakt, wollen wir von Schraubenversetzungen sprechen —, so geht von deren Durchstoßpunkt immer eine Oberflächenstufe aus, an der dann gemäß Abb. 1 das flächenhafte Wachstum erfolgt. Im Verlauf des weiteren Wachstums windet sich die Stufe zu einer Spirale auf. BURTON, CABRERA und FRANK (BCF-Theorie) [5] behandelten später dieses Spiralwachstum auch theoretisch, worauf noch zurückzukommen ist.

Ausgehend von VOLMER bildet selbstverständlich die Thermodynamik die Basis für die Behandlung der molekularen Vorgänge beim Kristallwachstum, aber diese bedarf quantitativer Aussagen zu den molekularkinetischen Einzelschritten. Wir haben hier FRENKEL [6] zu erwähnen, der zuerst die den Einzelschritt bestimmenden Größen definierte. Die uns hier besonders interessierende mittlere Diffusionslänge x_s ergibt sich aus der bekannten EINSTEINschen Diffusionsgleichung zu

$$x_s^2 = 2D_s\tau$$

x_s ist der mittlere Weg, den ein adsorbiertes, freibewegliches Atom oder Molekül auf der Oberfläche während der Verweilzeit τ zurücklegt, D_s ist der Diffusionskoeffizient. Nach FRENKEL gilt für

$$D_s = \delta^2 \nu \exp\left(\frac{-E_D}{kT}\right) \text{ und } \tau = \frac{1}{\nu'} \exp\left(\frac{E_{ad}}{kT}\right).$$

δ ist dabei die Sprungweite und ν bzw. ν' sind die Sprungfrequenzen. E_D ist die Aktivierungsenergie für die Diffusion und E_{ad} die Desorptionsenergie.

Unsere eigenen Arbeiten begannen mit den 1958 bekannt gewordenen Möglichkeiten, atomare Stufenstrukturen auf Alkalihalogenidkristallen elektronenmikroskopisch abzubilden. Einfach durchzuführen ist das Verfahren der Golddekoration nach BASSETT [7], bei dem von der bevorzugten heterogenen Keimbildung an Stufen Gebrauch gemacht wird. Eine zu dekorierende Oberfläche wird schwach mit einem Schwermetall bedampft. Es bildet sich hierbei noch keine homogene Schicht aus, sondern die aufgedampften Metallatome bilden kleine dreidimensionale Metallkeime. Ein nachfolgend aufgedampfter Kohlefilm hüllt diese ein. Der Kohlefilm wird nach dem Ablösen im Elektronenmikroskop untersucht; in der Abbildung der Goldkeime wird die die Verteilung der Keime hervorrufende Oberflächenstruktur wiedergegeben (s. Abb. 2). Zunächst wurden mit dieser Methode nur Spaltstrukturen untersucht, wobei später auch gesichert wurde, wie Aussagen zur Stufenhöhe im atomaren Bereich zu erhalten sind. [8]

Ein entscheidendes Randproblem für die Anwendung dieser Technik auf Fragen des Kristallwachstums war zunächst die Erzeugung geeigneter Oberflächen, d. h. von Flächen, die wirklich den Modellvorstellungen entsprechen und

Abb. 2. Durch Versetzungen induzierte Lamellensysteme nach längerer Abdampfzeit (NaCl, (100)-Spaltfläche). Ausschnittsvergrößerung zur Darstellung des Dekorationseffektes.
Bedingungen: 400 °C, 90 min. Vergr.: 9000× und 40 000×.

nicht, wie beim praktischen Wachstum üblich, vergröbert sind. Es kam uns hierzu die Idee, es zunächst einmal mit dem Abdampfen im Vakuum zu versuchen. [9] Bei den untersuchten NaCl-Kristallen kann man von weitgehend atomar glatten Spaltflächen ausgehen, und bei Temperaturen zwischen 300 °C und 400 °C dampfen im Vakuum einige Netzebenen pro Minute ab. Es entstehen dabei schließlich im stationären Zustand Oberflächenstrukturen, wie sie Abb. 2 zeigt. Charakteristisch sind die um die Durchstoßpunkte von Versetzungen ausgebildeten Lamellensysteme. Ohne hier auf Einzelheiten einzugehen, sei lediglich festgehalten, daß wir 4 Typen von um Durchstoßpunkte von Versetzungen gebildete Lamellensysteme beobachten. Die Spiralsysteme (einfache bzw. doppeltrunde und quadratische Spiralen) gehören zu Schraubenversetzungen. Das rechts oben in Abb. 2 zu sehende zirkulare Lamellensystem gehört zum Durchstoßpunkt einer Stufenversetzung. Anzumerken ist ferner, daß alle gekrümmt verlaufenden Stufen einen Netzebenenabstand (2,81 Å) hoch sind, die geraden Stufen der quadratischen Spirale dagegen haben die doppelte Höhe. Die in den Einzelheiten und in ihrer Entstehungskinetik ausführlich von Herrn Dr. Keller untersuchten Abdampfstrukturen entsprechen völlig den Frankschen Vorstellungen. Notwendig ist hier noch die Bemerkung, daß es für die uns interessierenden molekularen Vorgänge gleichgültig ist, ob wir, wie beim Abdampfen, den Kristallabbau untersuchen oder das Kristallwachstum. Abbau und Wachstum unterscheiden sich nur durch die Richtung der Einzelschritte.

Aus den Untersuchungen von Herrn Dr. Keller sei hier ein Ergebnis wiedergegeben. Wird die „Entwicklung“ eines Spiralsystems um eine Schraubenversetzung untersucht, das in seiner Ausdehnung nicht durch andere Systeme beeinflußt wird (größerer Abstand zu benachbarten Versetzungen), dann läßt sich bei konstanter Temperatur die Ausbildung des Lamellensystems zeitlich verfolgen. Es werden einfach Durchmesser und Anzahl der Lamellen als Funktion der Zeit bestimmt. Daraus läßt sich die Zahl der abgebauten Molekeln und damit die Abdampfgeschwindigkeit bestimmen. [10] Auf diese Weise gemessene Abdampfgeschwindigkeiten sind in Abb. 3 für den Fall der einfachen runden (Kurve 1) und der quadratischen Spirale (Kurve 2) in Abhängigkeit von der Temperatur dargestellt. Aus üblichen, aber unterschiedlichen Tabellenwerten für den Dampfdruck berechnete Kurven decken sich mit der Kurve 2, können aber auch um einen Faktor 2 abweichen (Kurve 3). Festzuhalten ist, daß im Bereich einer einfachen runden Spirale gegenüber dem Bereich einer quadratischen Spirale eine andere Abdampfgeschwindigkeit gemessen wird. Diese ist also keine für eine Kristalloberfläche einheitliche Größe, sondern hängt örtlich vom Typ der zur Oberfläche durchstoßenden Versetzung ab. Aus der zeitlichen Entwicklung eines Spiralsystems lassen sich natürlich auch die mittleren Geschwindigkeiten der Stufenbewegung innerhalb eines Systems bestimmen; aber hierfür haben wir direkte Methoden entwickelt.

Die Stufengeschwindigkeit wurde von uns zuerst in speziellen Wachstumsexperimenten gemessen. [11, 12] Im Vakuum wurden zunächst zur Erzeugung reiner und definierter Oberflächen zwei Kristalle abgedampft und danach zwei Kristallflächen so gegenübergestellt, daß der Abstand zwischen diesen nur 1 mm betrug. Zuvor schon wurden die Kristalle auf unterschiedliche Temperatur, z. B. 330 °C und 350 °C gebracht. Die der Temperaturdifferenz entsprechende Übersättigung führt zu einem definierten Wachstum auf dem kälteren Kristall.[1] Zur Erfassung der Stufenbewegung während einer bestimmten Zeit entwickelten wir die sogenannte Doppeldekoration. Hierbei wird vor dem Gegenüberstellen auf dem später wachsenden Kristall eine erste Dekoration durchgeführt

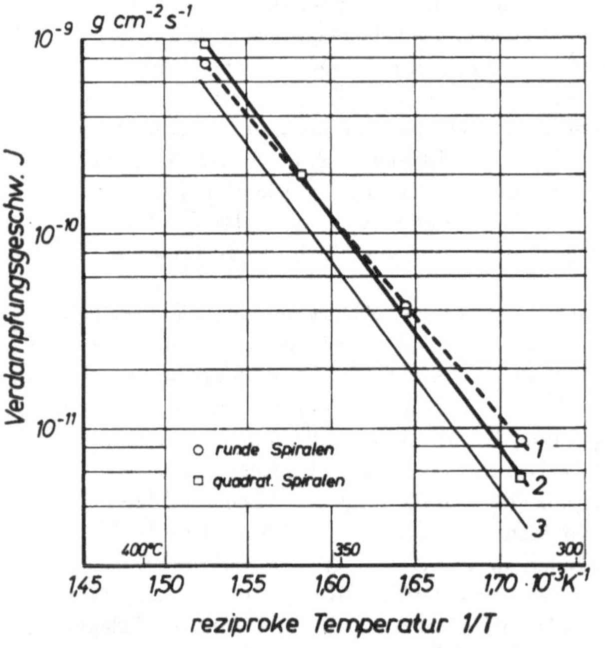

Abb. 3. Verdampfungsgeschwindigkeiten im Bereich unterschiedlicher Spiralsysteme (Kurven 1 und 2) und berechnet nach Tabellenwerten für den Dampfdruck (Kurve 3).

---

[1] In Experimenten dieser Art wurden bei hinreichender Übersättigung zweidimensionale Volmersche Keime nachgewiesen. In Abb. 4 sind diese als ringförmige Strukturen zu erkennen.

(zur Fixierung der Ausgangsposition), und eine zweite Dekoration nach Beendigung des Wachstums hält die erreichte Stufenposition fest. Ein Beispiel zeigt Abb. 4. Die gestrichelte Linie zeigt die Ausgangsposition und die ausgezogene Linie die Position der bewegten Stufe.[2]

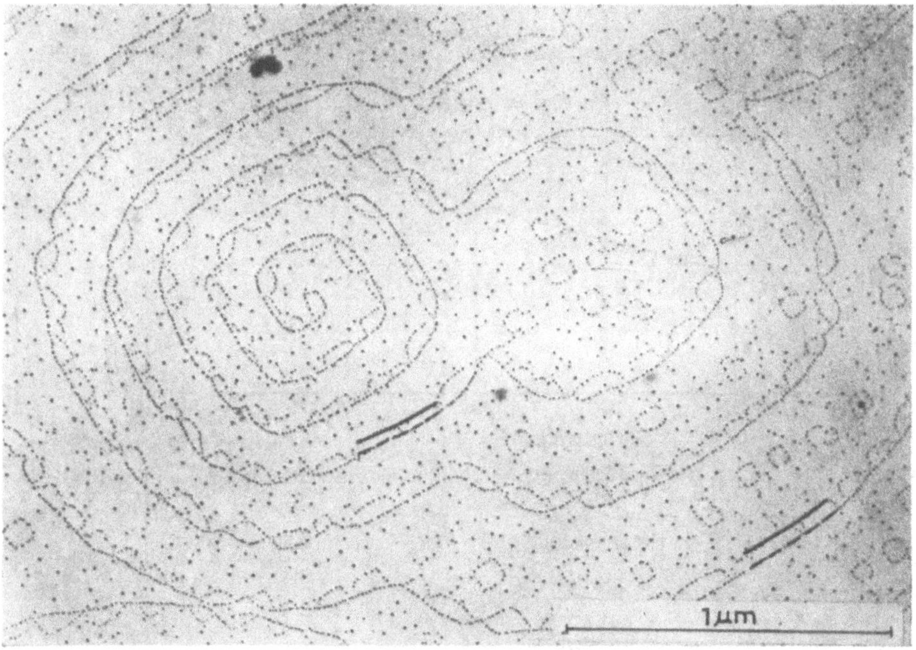

Abb. 4. Durch Doppeldekoration dargestellte Stufenbewegung beim Wachstum. Bedingungen: 330 °C für den wachsenden und 350 °C für den abdampfenden Kristall, Übersättigung 337%, Dauer 7,5 min. Vergr.: 43 000×.

Ausgewertet wurden die auf vorstehende Weise gemessenen Stufengeschwindigkeiten als Funktion des Abstandes der jeweils benachbarten Stufen. Für verschiedene Übersättigungen ist die Stufengeschwindigkeit als Funktion des Abstandes in Abb. 5 dargestellt. Die Stufengeschwindigkeit steigt zunächst mit dem Stufenabstand an und erreicht bei einem bestimmten Stufenabstand einen

---

[2] Es ist selbstverständlich nicht auszuschließen, daß die primäre Dekoration das Wachstum an der Stufe behindert. Dies läßt sich aber experimentell dadurch ausschließen, daß die Stufenbewegung immer aus zwei Experimenten unterschiedlicher Dauer bestimmt wird. Gemessen wird dabei die Differenz der Stufenbewegung als Funktion der Differenz der Wachstumszeiten.

konstanten Sättigungswert. Hierin äußert sich unmittelbar der Einfluß der Diffusionslänge x_s. Das Prinzipielle wird an Hand Abb. 6 deutlich. Vorgegeben ist eine Stufenstruktur mit dem Abstand y_0 zwischen den Stufen. Ein innerhalb

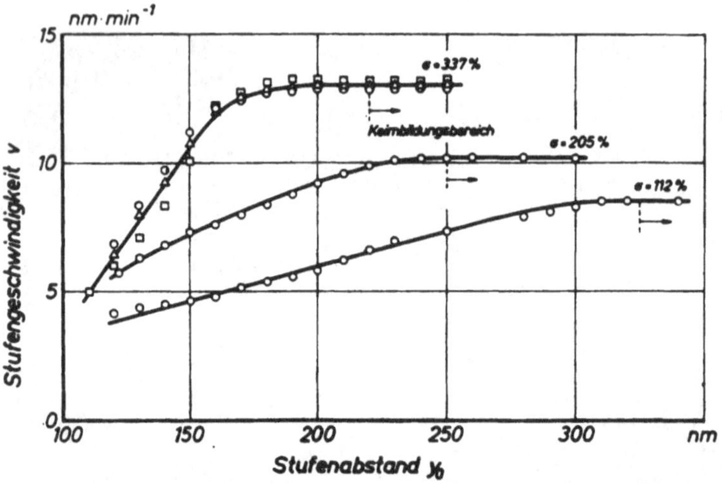

Abb. 5. Abhängigkeit der Stufengeschwindigkeit vom Stufenabstand bei unterschiedlichen Übersättigungen σ.

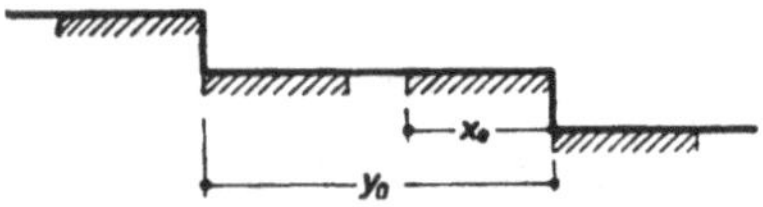

Abb. 6. Schem. Darstellung zur Abhängigkeit der Stufengeschwindigkeit vom Stufenabstand.

eines Streifens mit der Breite x_e, den wir Einzugsbereich nennen wollen, auftreffendes Molekül kann durch Diffusion zur Stufe gelangen und dort angelagert werden. Ein im nicht schraffierten Bereich auftreffendes Molekül kann dagegen mit nur sehr geringer Wahrscheinlichkeit zur Stufe gelangen, weil der Abstand größer ist als die mittlere Diffusionslänge. Der gezeichnete Fall der Abbildung 6 würde dem Sättigungswert der Kurven in Abb. 5 entsprechen. Man sieht auch sofort, daß bei einem Kleinerwerden von y_0 und einem Überlappen der Einzugsbereiche x_e die Stufengeschwindigkeiten kleiner werden müssen, weil einer Stufe nicht mehr der Molekülstrom eines vollen Einzugsbereiches zur Verfügung steht. In den Kurven von Abb. 5 würde dies einem

Stufenabstand innerhalb des ansteigenden Teils der Meßkurven entsprechen. Aus dieser einfachen Plausibilitätsbetrachtung folgt, daß der aus Abb. 5 zu entnehmende Stufenabstand y_0^* für den Übergang der Kurven in den Sättigungsbereich angenähert der doppelten Breite des Einzugsbereiches x_e entspricht. Für die obere Kurve von Abb. 5 (σ = 337%) folgt daraus ein Wert für x_e von 90 nm.

In der BCF-Theorie wird für die Stufengeschwindigkeit v ein Ausdruck

$$v = \sqrt{2}\, \sigma\, \nu\, x_s \exp(-W/kT) \tanh(y_0/\sqrt{2}\, x_s)$$

hergeleitet.

Für Stufenabstände größer als y_0^* hat v maximale Geschwindigkeit. Gemäß vorstehender Formel erreicht v einen Maximalwert, wenn der den Stufenabstand enthaltende Faktor

$$\tanh(y_0/\sqrt{2}/x_s) \text{ gegen 1 geht.}$$

Setzt man hierfür für das Argument den Wert 3 an, dann würde daraus formal folgen, daß der Einzugsbereich x_e doppelt so groß wäre wie die mittlere Diffusionslänge x_s.

Unter Anwendung der Technik der Doppeldekoration wurde auch direkt die Stufengeschwindigkeit beim Abdampfen untersucht. Wie vorstehend beschrieben, wurde wiederum aus der Abhängigkeit der Stufengeschwindigkeit vom Abstand benachbarter Stufen die Größe x_e bestimmt. Angemerkt sei, daß sich die zur Abb. 5 analogen Kurven recht genau der BCF-Theorie anpassen ließen. Für Abdampfexperimente bei ebenfalls 330 °C ergibt sich x_e = 520 nm.

Eine weitere Möglichkeit, Aussagen über die Diffusionsreichweite zu gewinnen, ergibt sich aus der Untersuchung des Anfangsstadiums beim Abdampfen bei niederen Temperaturen. Auch hierbei beginnt selbstverständlich das Abdampfen an auf dem Kristall vorliegenden Stufen. Auf stufenfreien Bereichen bilden sich daneben „Lochkeime“. Hierunter verstehen wir monoatomar tiefe, flache Gruben (s. Abb. 7). Die Statistik der Lochkeimbildung, die aus mancherlei Gründen von besonderem Interesse ist, wurde von Herrn Dr. Krohn [13] genauer untersucht, soll aber hier nicht erwähnt werden. Es spricht viel dafür, daß die Lochkeimbildung an atomaren Defekten in der Oberfläche erfolgt. In der Umgebung einer Stufe oder eines schon entstandenen Lochkeimes wird die Bildungswahrscheinlichkeit der Lochkeime durch die dort vorhandenen Diffusionsströme beeinflußt. In Abb. 7 wird deutlich, daß in einem zur Stufe parallelen Bereich kein Lochkeim gebildet wurde. Die von der Stufe abgelösten Molekeln diffundieren in diesem Bereich und vermindern die Wahrscheinlichkeit der Lochkeimbildung an selbstverständlich auch in diesem Bereich vorliegenden Defekten in der Oberfläche.

Den von Lochkeimen freien Bereich haben wir früher als „influence range“ und seine Breite mit x_i bezeichnet. [11] Er entspricht wiederum nicht direkt der Diffusionslänge x_s, sondern er gibt nur an, daß in diesem Bereich durch die

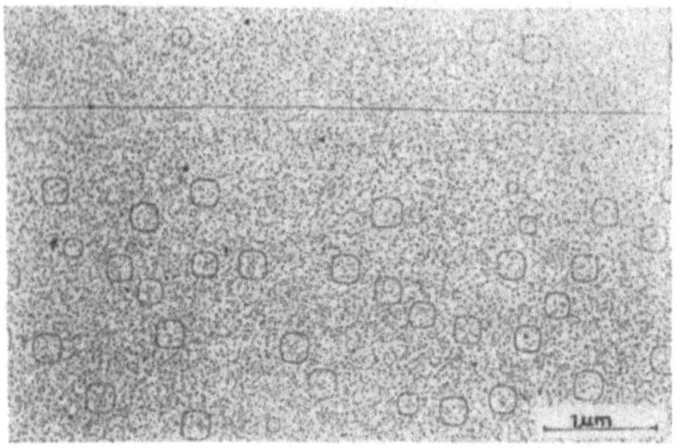

Abb. 7. Lochkeimbildung zu Beginn des Abdampfens.
Bedingungen: 375 °C, 1 min. Vergr.: 10 000×.

von der Stufe kommenden und diffundierenden Moleküle die Lochkeimbildung noch beeinflußt wird. Aus zahlreichen statistisch ausgewerteten Experimenten ergibt sich eine deutliche Temperaturabhängigkeit. Für eine Temperatur von 330 °C liegen die Werte für x_i bei 500—1000 nm.

Die auf NaCl-Kristallen erhaltenen Werte für die gemessenen, die Diffusionsreichweite charakterisierenden Größen sind nachfolgend noch einmal zusammengestellt:

Einzugsbereiche beim Wachstum	x_e	90 nm für 337% Übersättigung 150 nm für 112% Übersättigung
Einzugsbereich beim Abdampfen	x_e	520 nm
Einflußbereich	x_i	500—1000 nm

Es wurde vorstehend schon hervorgehoben, daß die gemessenen Größen x_e bzw. x_i nicht direkt der mittleren Diffusionslänge x_s entsprechen. Letztere kann — siehe die Auswertung nach der BCF-Theorie — um einen Faktor 2 bis 4 kleiner sein. Für die unterschiedlichen Werte für x_e bzw. x_i könnte man zunächst die unterschiedlichen Flächendichten in den Diffusionsströmen ins Spiel bringen. Dies mag sicher zutreffen für die in den Wachstumsexperimenten gemessenen Werte für x_e, zumal hier die klare Abhängigkeit in der Übersättigung nachgewiesen wurde.

Zumindest für die beim Abdampfen gemessenen unterschiedlichen Werte zeigen aber einfache Rechnungen, daß hierbei die Dichten weit unter derjenigen liegen, bei der eine Wechselwirkung der diffundierenden Moleküle untereinander eintreten kann. Nicht auszuschließen ist dagegen eine auf die Reichweite einflußnehmende Wechselwirkung der diffundierenden Teilchen mit aus dem Restgas stammenden adsorbierten Atomen oder Molekülen; deren Dichte, d. h. die Reinheit der Oberflächen, kann sehr wohl in den angewendeten Bestimmungsverfahren unterschiedlich sein. Zur Klärung ist ein Experimentieren unter Ultrahochvakuumbedingungen notwendig. Erste Untersuchungen hierzu lassen erwarten, daß dabei die Werte sich zu den höheren hin verschieben.

Gravierender ist der Tatbestand der gegenüber berechneten Werten für x_s um 1 bis 2 Zehnerpotenzen höhere gemessene Werte für die Diffusionsreichweite. Hierzu ist nur festzustellen, daß die für den Einzelschritt einer Diffusionsbewegung bestimmenden Größen die Sprungweite δ und die Sprungfrequenzen ν bzw. ν' offenbar nicht in üblicher Weise angesetzt werden dürfen. δ kann größer sein als nur ein nächster Atomabstand, und fraglich ist, ob ν und ν' gleichgesetzt und hierfür die Debye-Frequenz angenommen werden kann.

Fassen wir zusammen. Aus den beschriebenen Untersuchungen war eine recht direkte Bestimmung der Reichweiten von Diffusionsprozessen auf freien Oberflächen möglich.

Daneben gibt es aber noch einen speziellen Fall der Diffusion entlang von Stufen, der sogenannten Randdiffusion. Zur Betrachtung der Randdiffusion kamen wir durch die Aufklärung eines Effekts, der hier nur knapp erwähnt werden kann. [14] Setzt man eine frisch erzeugte Spaltfläche eines NaCl-Kristalls einer Atmosphäre mit einem definierten Anteil von einigen Prozent Wasserdampf aus, so wird die Oberfläche im Bereich vorliegender Stufen angelöst. Wird ein solcher Kristall nachfolgend einem Vakuum ausgesetzt, rekristallisieren die zuvor angelösten Molekeln wieder. Der ursprüngliche — bei der Spaltung erzeugte — Stufenverlauf wird dabei völlig verändert. Zwei Beispiele gibt Abb. 8 wieder. Beim Rekristallisieren sorgen die an den Stufen wirkenden Randspannungen dafür, daß die sich ausbildenden Stufenformen eine Erniedrigung der Randenergie darstellen. Hierbei müssen Moleküle „umgelagert" werden, und dies geschieht durch Transport entlang der Stufen. Dieser Fall der Randdiffusion ist freilich mit seinen einflußnehmenden Parametern zu kompliziert, um genauer behandelt werden zu können.

Zu den Beispielen von Abb. 8 völlig analoge „Verrundungsstrukturen" entstehen auch, wenn ein Kristall im Vakuum gespalten und der Kristall bei Temperaturen getempert wird, bei denen noch kein Abdampfen auftritt. In diesem Fall reicht die thermische Energie nur zum Platzwechsel von Molekülen aus der Halbkristallage in die Position an der Stufe (s. Abb. 1) aus. Die Molekeln diffundieren wiederum entlang der Stufen und verrunden die Spitzen der sogenannten elementaren Spaltstruktur. Diese Prozesse wurden von Herrn Dr. Höche gründlich untersucht. [15]

Um auch den Einfluß des im Restgas im Normalvakuum noch enthaltenen Wasserdampfes sicher auszuschließen, wurden die Experimente im Ultrahochvakuum ausgeführt. In Abb. 9 zeigt das Bild a) die thermisch nicht beeinflußte

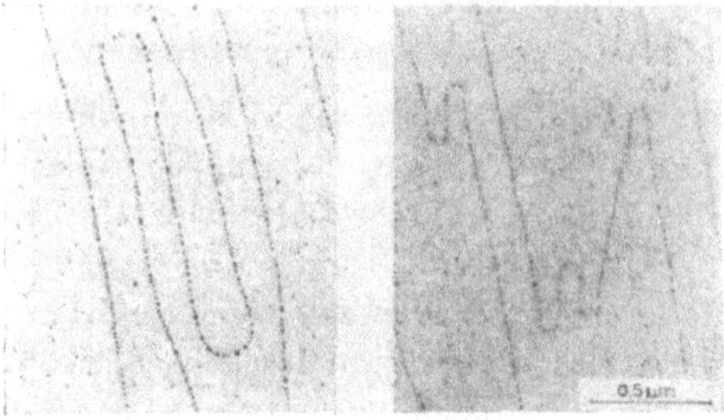

Abb. 8. Nach Anlösung durch Wasserdampf und nachfolgende Rekristallisation unter Vakuum veränderte Spaltstrukturen, die ursprünglich einen blitzförmigen Verlauf zeigen (siehe auch Abb. 9).
Vergr.: 20 000×.

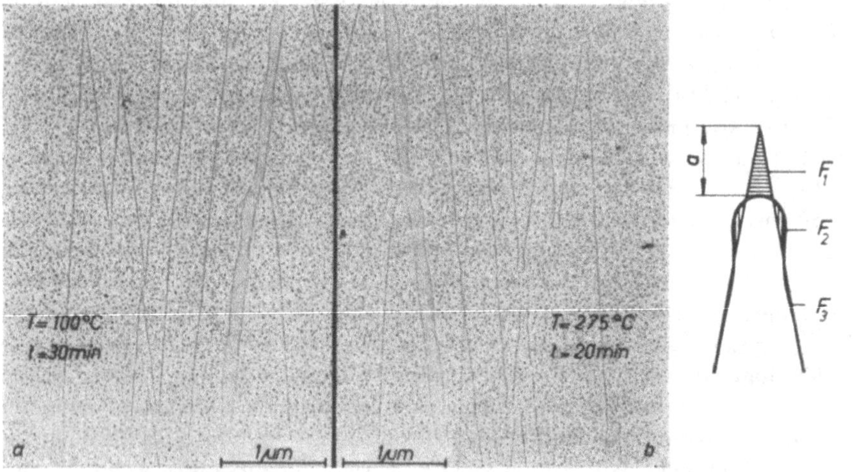

Abb. 9. Korrespondierende NaCl-Oberflächenbereiche
a) elementare Spaltspitzen, b) thermisch aktivierte Gegenspaltspitzen, c) geometrisch zugeordnete Spitzenprofile.
Vergr.: 14 000×.

Spaltstruktur. Die Aufnahme b) zeigt die korrespondierende Gegenspaltfläche nach einer Temperung bei 275 °C. Erwähnt sei, daß die sogenannte matched-faces-Technik zwar experimentell aufwendig ist und sehr viel Sorgfalt erfordert, für den Zweck des Strukturvergleichs sich aber außerordentlich bewährt hat. Alle im blitzförmigen Stufenverlauf auftretenden Spitzen sind deutlich keulenartig verrundet. Der Grad der morphologischen Änderung hängt von der Temperatur T, der Temperzeit t und dem Spaltspitzenöffnungswinkel 2α ab. Unabhängig von diesen Parametern konnte durch den genauen Vergleich verschiedener korrespondierender Spitzenprofile vor und nach der Temperung (vgl. Abb. 9 c) gezeigt werden, daß die Summe der positiven und negativen Durchschnittsflächen F_i gleich Null ist. Damit ist die vorstehend gemachte Aussage nachgewiesen, daß die Strukturveränderungen ohne Kristallabbau stattfinden.

Es kann deshalb die mit der Desorption arteigener Kristallbausteine verbundene Oberflächenselbstdiffusion nicht der gesuchte Transportmechanismus sein, sondern es sollte die Randdiffusion als strukturbestimmender Prozeß angesehen werden. Die treibende Kraft für diesen Prozeß resultiert aus dem Gradienten des chemischen Potentials, das seinerseits durch lokal verschiedene Krümmungen im Stufenverlauf bedingt ist. Nimmt man vereinfachend an, daß die spezifische freie Randenergie und der Randdiffusionskoeffizient isotrop sind, so läßt sich folgende partielle Differentialgleichung

$$\partial s \partial / t = G(T)\ \partial^2 K / \partial b^2, \quad G(T) = D_r \varrho n_r f_0^2 / kT$$

herleiten. Dabei bezeichnet δs die in der Zeit δt stattfindende Stufenbewegung in Richtung der Außennormalen und δK symbolisiert die Krümmungsänderung des Randelementes δb. G(T) ist eine zusammengesetzte Größe, die den Randdiffusionskoeffizienten D_r, die spezifische freie Randenergie ϱ, die Anzahl der diffusionsfähigen Kristallbausteine pro Einheitsrandlänge n_r und mit f_0^2 das Quadrat vom Flächenbedarf eines Kristallbausteins enthält.

Da sich diese partielle Differentialgleichung analytisch nicht lösen läßt, wurde ihre Integration mittels einer expliziten endlichen Differenzenmethode vorgenommen. Dazu wurde die linke Seite der partiellen Differentialgleichung durch die vordere Differenzenapproximation $\Delta s/\Delta t$ ersetzt. Dieser Ausdruck beschreibt die in dem endlichen Zeitintervall Δt stattfindende Änderung eines vorgegebenen Anfangsprofils. Das dadurch entstehende neue Profil dient nun bei der nächsten numerischen Integration als neues „Anfangsprofil". Die wiederholte Anwendung dieses Verfahrens gestattet somit die Simulation von Strukturveränderungen, die auf isotrope Randdiffusion zurückzuführen sind. Durch Anpassung der numerisch simulierten Strukturveränderungen an die experimentell beobachteten konnte der Faktor G(T) für verschiedene Temperaturen ermittelt werden.

In Abb. 10 und Abb. 11 sind experimentell und numerisch bestimmte Spitzenprofile gegenübergestellt. An diesen Beispielen wird deutlich, daß der Spaltspitzenöffnungswinkel 2α einen wesentlichen Einfluß auf die entstehenden

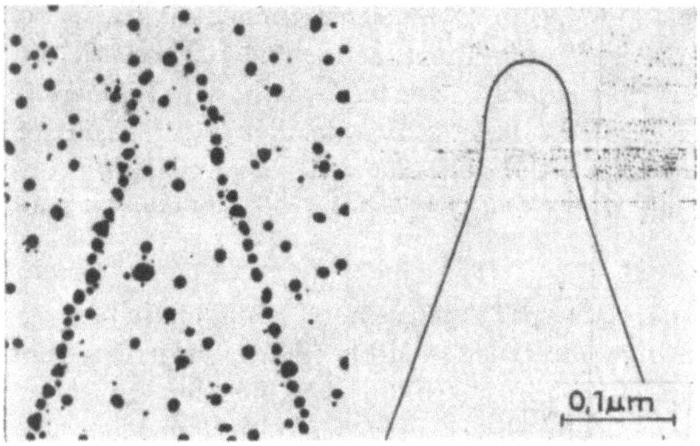

Abb. 10. Experimentell beobachtete und numerisch simulierte steady-state Profile. Bedingungen: 260 °C, 40 min. Vergr.: 120 000×.

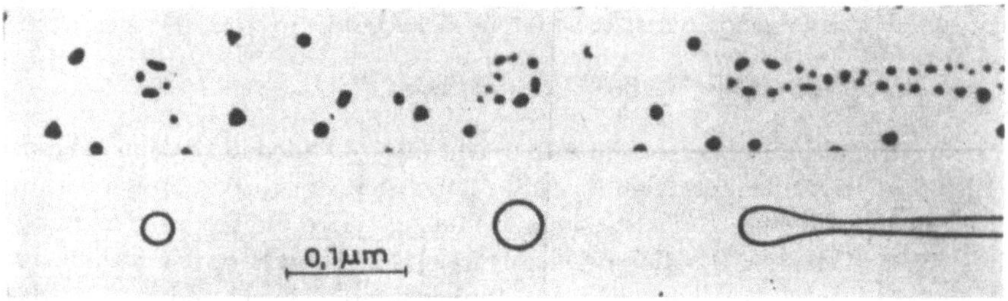

Abb. 11. Experimentell und numerisch ermittelte Veränderungen an Spaltspitzen mit nahezu parallelen Schenkeln.
Bedingungen: 240 °C, 20 min. Vergr.: 135 000×.

Strukturen ausübt. Während sich an Spaltspitzen, die einen Öffnungswinkel $2\alpha > 1°$ einschließen, keulenförmige steady-state Profile ausbilden, kommt es an Spaltspitzen mit nahezu parallelen Schenkeln ($2\alpha < 1°$) wiederholt zur Abschnürung kreisförmiger Strukturen.

Die erzielte sehr gute Übereinstimmung der numerischen und experimentellen Ergebnisse rechtfertigt die prinzipielle Modellvorstellung der Strukturveränderung durch isotrope Randdiffusion. Aus der Temperaturabhängigkeit von

G(T) ergab sich für die Aktivierungsenergie der Randdiffusion an monoatomaren NaCl-Stufen ein Wert von $E_r = 1{,}05$ eV. Der Randdiffusionskoeffizient konnte unter Verwendung üblicher Näherungen zu

$$D_r\,(T) = 1{,}02 \cdot 10^{-6} \exp\,(-1{,}05\ \mathrm{eV/kT})\ \mathrm{cm^2/s}$$

abgeschätzt werden.

Soweit einige Ergebnisse zu homogenen Prozessen auf Oberflächen von NaCl-Kristallen. Eine ganz wesentliche Voraussetzung für diese Arbeiten war, daß immer von Spaltflächen ausgegangen werden konnte, d. h. von Oberflächen, die zwischen den Spaltstufen atomar eben sind. Diesem Vorteil der Alkalihalogenidkristalle steht der Nachteil gegenüber, nur in relativ schmalen Temperaturbereichen experimentieren zu können; dies schränkt bei einigen Problemen die Meßgenauigkeit ein, wenn es um die Abhängigkeit von der Temperatur geht. Wir haben auch heterogene Prozesse auf NaCl-Kristallen untersucht; hierunter standen Arbeiten zur heterogenen Keimbildung im Vordergrund.[16] Jedes Aufwachsen einer dünnen Schicht — etwa durch Aufdampfen erzeugt — beginnt ja mit der Keimbildung. Hierbei interessieren die Keimdichte und das Keimwachstum. Diese Fragen wurden auch international sehr stark bearbeitet, aber es gibt derzeit kaum sichere Ergebnisse, die einigermaßen in Theorie und Experiment übereinstimmen, und es soll deshalb auch über unsere Untersuchungen nicht weiter berichtet werden. Festgehalten sei aber, daß nach unseren Arbeiten der Ionenkristall für das Problem der heterogenen Keimbildung als Substrat schlecht geeignet ist, weil atomare Defekte in der realen Oberfläche (z. B. Gitterlücken oder Fremdionen) im Ionengitter als energetisch stark wirksame Zentren die Keimbildung beeinflussen.

Letzterer Umstand sollte an Metalloberflächen sehr viel weniger ins Gewicht fallen und Metalle sollten auch einen breiteren Temperaturbereich der Untersuchung bieten. Voraussetzung für das Arbeiten auf Metalloberflächen war aber zunächst die Erzeugung von atomar ebenen Oberflächen, die an Metallen selbstverständlich nur als Wachstumsflächen zu erhalten sind.

Der Weg hierzu sei kurz beschrieben:

In Arbeiten von Kaischew und Mitarbeitern [17] war gezeigt worden, daß auf mechanisch, kugelförmig verrundeten Enden stäbchenförmiger Silbereinkristalle durch elektrolytisches Wachstum Flächen niedrigerer Indizierung erzeugt werden können. Wir änderten diese Technik etwas ab, indem wir von kugelförmigen Einkristallen ausgingen, die unter Vakuumbedingungen aus einem Schmelztropfen gezüchtet wurden. Einen aus einem solchen Kugelkristall durch elektrolytisches Wachstum erzeugten Kristall mit definierten Flächen zeigt die Abb. 12. Von den etwa 3 mm großen Kristallen haben die ausgedehntesten Flächen — (111) und (100) — Ausdehnungen von etwa 0,5 mm, sie sind hinreichend ausgedehnt, um darauf „experimentieren“ zu können. Unter der erreichbaren Voraussetzung, daß die Oberflächen hinreichend sauber sind, ist auch auf diesen Silberkristallen die Dekoration möglich. Abbildung 13 zeigt

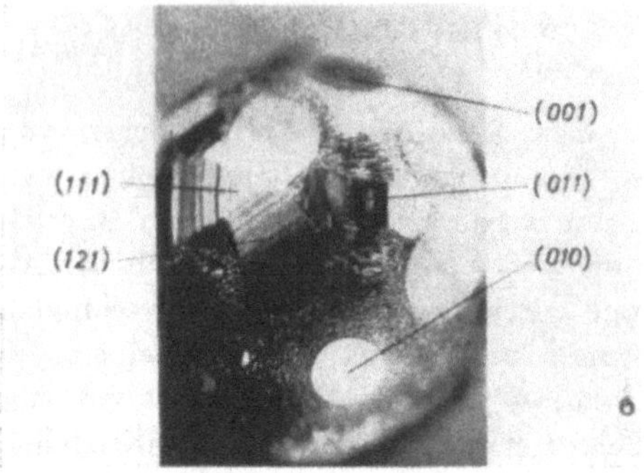

Abb. 12. Durch elektrolytisches Wachstum erzeugte Flächen auf einem kugelförmigen Ag-Einkristall.

Abb. 13. Auf einer (111)-Fläche durch Golddekoration abgebildete Wachstumspirale. Vergr.: 9500×.

eine mittels Golddekoration sichtbar gemachte Wachstumsspirale auf einer (111)-Fläche. Die Stufe hat die Höhe eines einfachen Netzebenenabstandes, d. h. 2,36 Å. Der zwischen den Stufen ebene Bereich hat im Mittel Abmessungen von 0,1 µm. Wird ein solcher Silberkristall im Vakuum abgedampft, dann lassen sich im Temperaturbereich von 650 °C bis 950 °C Lamellensysteme als Abdampfstrukturen erzeugen, wobei der Abstand zwischen den Stufen von der Temperatur abhängt. Ergebnisse einer solchen Versuchsreihe zeigt Abb. 14. [18]

Für den Diffusionsstrom der von den Stufen abgelösten und zwischen den Stufen diffundierenden Ag-Atome gilt die Diffusionsgleichung

$$\partial^2 n/\partial x - n/D\tau = 2n/x_s^2.$$

Aus deren Lösung läßt sich für die Geschwindigkeit der Stufen ein Ausdruck gewinnen, welcher der aus der BCF-Theorie schon benutzten Formel für v analog ist.

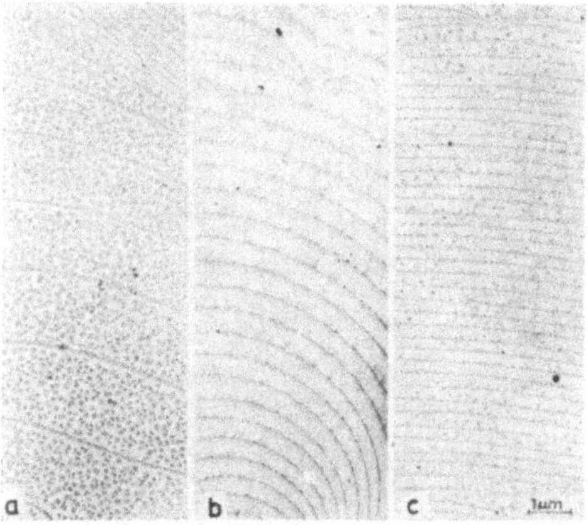

Abb. 14. Abhängigkeit des Stufenabstandes von der Temperatur beim Abdampfen. Bedingungen: a) 660 °C, b) 800 °C, c) 911 °C. Vergr.: 4500×.

Nach hinreichender Abdampfgeschwindigkeit erreicht die Stufengeschwindigkeit ihren maximalen Wert mit stationären Stufenabständen (s. Abb. 14). Für die dabei aufzufindenden maximalen Stufenabstände y_{max} gilt

$$y_{max} = 6\delta \exp\left(\frac{E_{ad} - E_D}{2\,kT}\right).$$

Mißt man y_{max} in Abhängigkeit von T, so läßt sich hieraus die Differenz $E_{ad} - E_D = 1{,}22$ eV bestimmen. Theoretisch läßt sich aus dem einfachen Modell der Bindung nächster Nachbarn der Quotient E_{ad}/E_D berechnen. Damit ergibt sich

$$E_{ad} = 1{,}59\,\text{eV und } E_D = 0{,}37\,\text{eV}.$$

Im Vergleich zu den vorhin beschriebenen Experimenten am NaCl-Kristall, in denen immer die durch Versetzungen induzierten Stufensysteme untersucht wurden, handelt es sich bei den in Abb. 14 gegebenen Stufensystemen um solche, die von den Kristallkanten ausgehen. Nur in diesem Fall ist der Stufenabstand eindeutig eine Funktion der Temperatur, und erst dadurch war die Bestimmung der Aktivierungsenergie für die Oberflächendiffusion und der Energie für die Desorption, d. h. für den Schritt des diffundierenden Atoms in den Dampfraum möglich.

Wie vorstehend schon erwähnt, sind die Oberflächen von Ag-Kristallen zur Untersuchung der heterogenen Keimbildung und des Schichtwachstums sehr gut geeignet. Für den Fall des Aufwachsens von Au auf Ag erfolgt bei hinreichend niedrigen Übersättigungen die Keimbildung weitgehend zweidimensional. Ein Beispiel hierfür zeigt die Abb. 15. Bei der Keimbildung an der

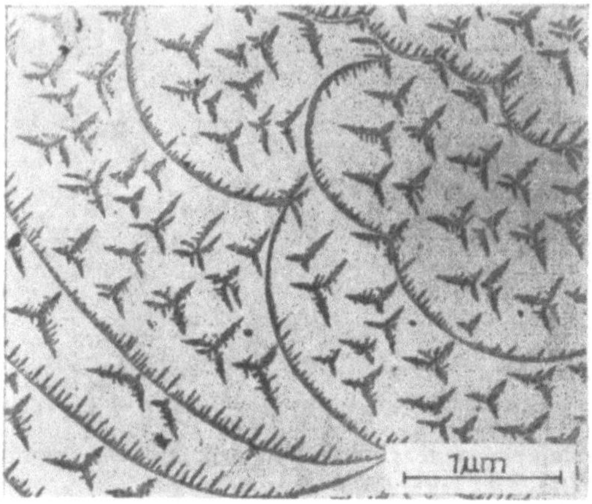

Abb. 15. Zweidimensionale Keimbildung bei der Dekoration zur Niveaubestimmung. Vergr.: 17 500×.

Stufe erfolgt die zweidimensionale Ausbreitung des Keimes nur auf der tieferen Fläche. Dieser Befund ist ein einfaches Indiz, bei einer in ihrer Entstehung unbekannten Stufenstruktur zu entscheiden, auf welcher Seite der Stufe das höhere bzw. tiefere Niveau liegt. Dieser Effekt erscheint zunächst unverständlich, da bei der Ausdehnung der Keime, wie in Abb. 15, die Dicke senkrecht zur Oberfläche schon um ein Vielfaches höher ist als die Stufenhöhe mit 2,36 Å. Die Erklärung wird dadurch gegeben, daß zur Anlagerung eines Goldatoms an der Stufe eine unterschiedliche Aktivierungsenergie notwendig ist, je nachdem, ob das Goldatom auf der unteren Fläche sich zur Stufe bewegt oder ob es auf der oberen Fläche zur Stufe gelangt. Dies wurde von Herrn Dr. Klaua genauer untersucht. [19]

Untersucht man die Dichteverteilung der Goldkriställchen (s. Abb. 16), so wird sofort deutlich, daß jeweils zur „absteigenden" Stufe hin die Dichte größer ist. Mit zunehmender Substrattemperatur des Ag-Kristalls nimmt dieser Effekt ab; oberhalb etwa 150 °C ist die Verteilung in bezug auf die Stufe symmetrisch. Zur Deutung wird angenommen, daß vor der Keimbildung eine örtliche Dichte der diffundierenden Au-Adatome vorliegt, die der späteren Keimdichte proportional ist. Die Verteilungskurven von Abb. 16 sollten also auch der Dichte der diffundierenden Au-Atome entsprechen.

Als Ursache der unsymmetrischen Dichteverteilung wird angenommen, daß für von links nach rechts (Abb. 16) diffundierende Au-Atome beim Überwinden einer „absteigenden“ Stufe eine zusätzliche Aktivierungsenergie ins Spiel kommt. Mit anderen Worten ausgedrückt: gegenüber einem auf dem oberen Niveau diffundierenden Atom, das zur Anlagerung in der Stufe einen zusätz-

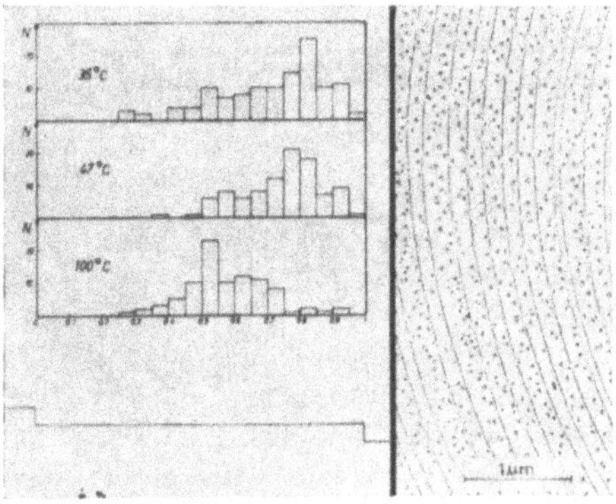

Abb. 16. Zur Keimverteilung von Au im Bereich von Stufen auf Ag. Vergr.: 10 000×.

liche Energie erfordernden Diffusionsschritt benötigt, kann ein auf dem unteren Niveau diffundierendes Atom mit normaler Aktivierungsenergie zur Stufe und zur Anlagerung gelangen. Die unterschiedlichen Aktivierungsenergien E_{Diff} und E_{Sprung} lassen sich angeben. Ausgehend von den gemessenen Verteilungskurven in Abhängigkeit von der Temperatur lassen sich aus der Differentialgleichung für die Diffusion die unsymmetrischen Ströme zu beiden Seiten der Stufe in Abhängigkeit von der Temperatur beschreiben. Für die Differenz $E_{Sprung} - E_{Diff}$ ergibt sich ein Wert von 0,15 eV. Mit diesem Wert wird auch verständlich, daß der Effekt nur bei relativ niedrigen Temperaturen zu beobachten ist.

Ich darf zusammenfassen:

Molekulare Vorgänge auf Oberflächen gehen in ihrer Bedeutung selbstverständlich weit über Fragen des Wachstums von Kristallen und dünnen Schichten hinaus. Das Kristallwachstum stellt aber den physikalisch übersichtlichsten Prozeß dar, bei dem die elementaren Vorgänge am besten zu überblicken sind. Mit unseren Untersuchungen an atomaren Stufen haben wir eine Reihe von neuen Einsichten gewinnen können, und es gelang, wichtige Bestimmungsgrößen quantitativ zu bestimmen. Wir müssen aber auch feststellen, daß deren theoretische Interpretation unzureichend ist. Es ist dringend geboten, auch von theoretischer Seite das breite Gebiet der Oberflächenphysik vertieft zu behandeln.

Literatur

[1] Volmer, M., und I. Estermann: Z. Physik **7** (1921), 13.
[2] Kossel, W. in Falkenhagen „Quantentheorie und Chemie", S. Hirzel, Leipzig 1928.
[3] Stranski, I. N.: Z. Phys. Chemie **136** (1928), 259.
[4] Frank, F. C.: Disc. Faraday Soc. **5** (1949), 48.
[5] Burton, W., N. Cabrera und F. C. Frank: Phil. Trans. **243** (1951), 299.
[6] Frenkel, J.: J. of Physics (sowj.). IX (1945), 392.
[7] Bassett, G. A.: Phil. Mag. **3** (1958), 1042.
[8] Bethge, H., und K. W. Keller: Optik **23** (1965/66), 462.
[9] Bethge, H., und K. W. Keller: Z. Naturforsch. **15** a (1960), 271.
[10] Bethge, H., und K. W. Keller: J. Crystal Growth **23** (1974), 105.
[11] Bethge, H. in „Molecular Processes on Solid Surfaces", McGraw-Hill, New York 1969.
[12] Bethge, H., K. W. Keller und E. Ziegler: J. Crystal Growth **3, 4** (1968), 184.
[13] Krohn, M.: Dissertationsschrift Uni. Halle, 1974.
[14] Bethge, H., und M. Krohn in „Adsorption et Croissance Cristalline", Editions CNRS, Paris 1965.
[15] Höche, H.: Dissertationsschrift Uni. Halle, 1974.
[16] Bethge, H.: J. Vacuum Sci. Technol. 6 (1969), 460.
[17] Kaischew, R., E. Budewski und J. Malinowski: C. R. Acad. Bulg. Sci. **2** (1949), 29.
[18] Klaua, M., und H. Bethge: J. Cryst. Growth **3** (1968), 188.
[19] Klaua, M.: Rost Kristallov, im Druck.

Heinz Stiller

Das physikalische Verhalten der Materie unter den thermodynamischen Bedingungen im Inneren der Planeten

1. Vorbemerkungen

Die experimentelle und theoretische Forschung zum Verhalten der Materie unter hohen Drücken und Temperaturen, wie sie als thermodynamische Parameter im Inneren planetarer und stellarer Körper vorkommen, ist eine moderne wissenschaftliche Entwicklungsrichtung, die ein interessantes Grenzgebiet zwischen Geo- und Kosmoswissenschaften, Physik und Chemie darstellt. Von besonderer Bedeutung sind dabei folgende Aspekte:

a) Die Berücksichtigung der extremen Druck- und Temperaturbedingungen im Inneren der Planeten ist erforderlich, um Aussagen zur quantitativen Theorie des Aufbaues und der Entstehung der Planeten und des Planetensystems zu bekommen.

b) Die extremen Druck- und Temperatureinflüsse haben Auswirkungen auf das Bindungsverhalten der Materie und beeinflussen damit die physikalisch-chemischen Materialparameter in Abhängigkeit von Druck und Temperatur. Die daraus resultierenden Eigenschaftsänderungen lassen sich im Bereich der Materialforschung gezielt nutzbar machen.

Für die Gruppe der erdähnlichen Planeten sind die Druck- und Temperaturwerte der Erde von etwa 4 Mill. Atm und 6000 bis 7000° K im Erdkern als e i n Grenzfall und die des Mondes von 50 000 bis 70 000 Atm und 1000 bis 2000° K im Mondinneren als der andere Grenzfall charakteristisch. Für die Gruppe der äußeren Planeten ist der Jupiter ein repräsentatives Beispiel mit Drücken von ungefähr 40 Mill. Atm und Temperaturen von 20 000 bis 30 000° K im Jupiter-Inneren.

2. Zum Stand der Untersuchungen

Die geowissenschaftlichen Forschungseinrichtungen der DDR können in der Wissenschaftsgeschichte auf eine traditionsreiche geologische Forschung zurückblicken, an die sich seit Ende des 19. Jahrhunderts eine aktive geophysikalische Forschung angeschlossen hat. Dabei wurden umfangreiche Observatoriumsprogramme zur Beobachtung der mit dem Erdkörper verbundenen physikalischen Felder abgewickelt und unter Einbeziehung der Ergebnisse einer langjährig betriebenen Gesteinsforschung Beiträge zur Untersuchung des physikalisch-stofflichen Aufbaues der Erde und ihrer Entwicklungsgesetze geleistet.

Gegenwärtig werden diese Aufgaben im Zentralinstitut für Physik der Erde der AdW der DDR in der Kombination von geophysikalischen Beobachtungen und ihrer Interpretation verbunden mit Hochdruck- und Hochtemperaturuntersuchungen bearbeitet. Zu diesem Zweck wurden im vergangenen Jahrzehnt Laboratorien aufgebaut, in denen die Druck- und Temperaturbedingungen unter Einsatz von Hochdruckpressen in ihren Auswirkungen auf Gesteine, Minerale und verschiedenartige Modellsubstanzen unter hydrostatischen und quasi-hydrostatischen Bedingungen untersucht werden können. Die Untersuchungen, bei denen Experiment und Theorie in enger Koppelung behandelt werden, dienen folgenden Zielen:

a) Bei geringen Druck- und Temperaturwerten durchgeführte Messungen der physikalischen Parameter von Gesteinen liefern wichtige Informationen für die Erforschung der Erdkruste.
b) Minerale und Modellsubstanzen unter möglichst hohen Drücken und Temperaturen dienen als Anschlußwerte für das Verständnis der physikalisch-chemischen Eigenschaften im tiefen Erdinneren.
c) Durch Überlassung von Proben der automatischen Stationen Luna 16 und Luna 20 im Rahmen der Interkosmos-Kooperation durch die Sowjetunion hat sich die Möglichkeit ergeben, analoge Untersuchungen an Gesteinen und Mineralen vom Mond im Vergleich zur Erde durchzuführen.

Die große Bedeutung dieser Untersuchungen liegt darin, daß man im Vergleich lunarer und terrestrischer Daten zu generalisierbaren Aussagen für die Gruppe der erdnahen Planeten kommen kann, da — wie bereits erwähnt — Erde und Mond repräsentativ für diese Gruppe sind. Ansätze für die äußeren Planeten lassen sich durch geeignete Extrapolationen finden. Außerdem bieten die Untersuchungsverfahren die Möglichkeit, die gewonnenen Erkenntnisse, insbesondere zum Phasenverhalten unter extremen Bedingungen, für die Zwecke der Werkstofforschung und Festkörperphysik zu nutzen, wofür die Methoden und Ausrüstungen des Zentralinstituts für Physik der Erde ebenfalls konsequent eingesetzt werden.

Während der Einfluß tiefer Temperaturen auf das Verhalten fester Körper in den letzten Jahrzehnten bereits sehr eingehend untersucht wurde und wird, sind systematische Untersuchungen des Festkörperverhaltens unter hohen Drücken und Temperaturen noch seltener. Aus diesem Grunde gibt es beispielsweise nur unzulängliche Kenntnisse über den Druckeinfluß auf so wichtige Größen, wie die Entropie, die HELMHOLTZsche und GIBBSsche freie Energie, die DEBYE-Temperatur, den GRÜNEISENparameter, die Schmelztemperatur u. a.

International deutliche Akzente sind bei der Untersuchung von Metallen, Silikaten und Gesteinen unter hohen Drücken und Temperaturen zu erkennen. Dabei haben sich die verschiedenen Laboratorien gewöhnlich auf einige wenige physikalische Eigenschaften, wie mechanisches bzw. elektrisches oder magnetisches Verhalten spezialisiert. Im Gegensatz hierzu wird in den Potsdamer Laboratorien die Erfassung möglichst vieler derartiger Parameter angestrebt.

International werden in den geophysikalisch orientierten Instituten für Gesteinsuntersuchungen vorwiegend Drücke von wenigen kbar und einigen 100 °C angewendet. Minerale und Modellsubstanzen werden bei einigen 10 kbar und meist bei Temperaturen von 100 bis 1000 °C untersucht.

Im Zentralinstitut für Physik der Erde werden statische Drücke gegenwärtig zwischen 100 und 200 kbar bei Temperaturen von einigen 100 bis mehr als 1000 °C erreicht. In naher Zukunft sind darüber hinaus durch die Entwicklung von Spezialkammern statische Drücke von einigen 100 bis 1000 kbar zu erwarten, so daß dann der gesamte Einzugsbereich der Erdkruste bis in die Grenzregion Erdmantel/Erdkern hinein simuliert werden kann. Für Anwendungen beim Mond liefern die gegenwärtigen speziellen Druckanlagen bereits das gesamte Druckspektrum bis zum Mondinneren bei einigen 100 °C.

Spezialuntersuchungen physikalischer und geochemischer Art haben bei niedrigen Drücken sehr hohe Temperaturen von einigen 1000 °C realisiert bzw. bei Normaltemperaturen hohe Drücke von 150 kbar und darüber hinaus verwendet. Das betrifft die statischen Druckuntersuchungen. Mit dynamischen Verfahren — durch Anwendung von Stoßwellen — konnten wesentlich höhere Drücke von einigen 100 kbar erzielt werden mit jedoch geowissenschaftlich klar erkennbaren Auswertungsgrenzen.

3. Experimentelle und theoretische Untersuchungsergebnisse

Zur experimentellen Ausrüstung

In den Potsdamer Laboratorien kommen Pressen zum Einsatz, die Drücke von 300 bis 600 t erzeugen können. Eine der Pressen ist als Triachsialpresse (Abb. 1) ausgelegt und gestattet neben der Realisierung eines Vertikaldruckes von 600 t die Aufprägung von achsialen Seitendrücken bis zu 300 t jeweils. Die Proben können in der Presse selbst gedrückt und bis zu etwa 800 °C aufgeheizt werden. Die gleichzeitige Messung mehrerer physikalischer Parameter während des Druckes ist möglich.

Abb. 1. Triachsialpresse zur Erzeugung hoher statischer Drücke bei gleichzeitiger Temperaturvariation. Der erreichbare Probendruck ist von der Probengröße abhängig.

Einen völlig anderen Typ bildet die Diamantstempelpresse, bei der zwischen geeignet geschliffenen Diamantstempeln Mikroproben bis zu 120 kbar gedrückt werden können, wobei die Messungen von Struktur- und Phaseneigenschaften des Materials mittels röntgenographischer und lichtoptischer Methoden durchgeführt werden können (Abb. 2).

Die Anwendung dieses Gerätetyps auf die Mondbodenproben ist nach gegenwärtigen Erkenntnissen unikal.

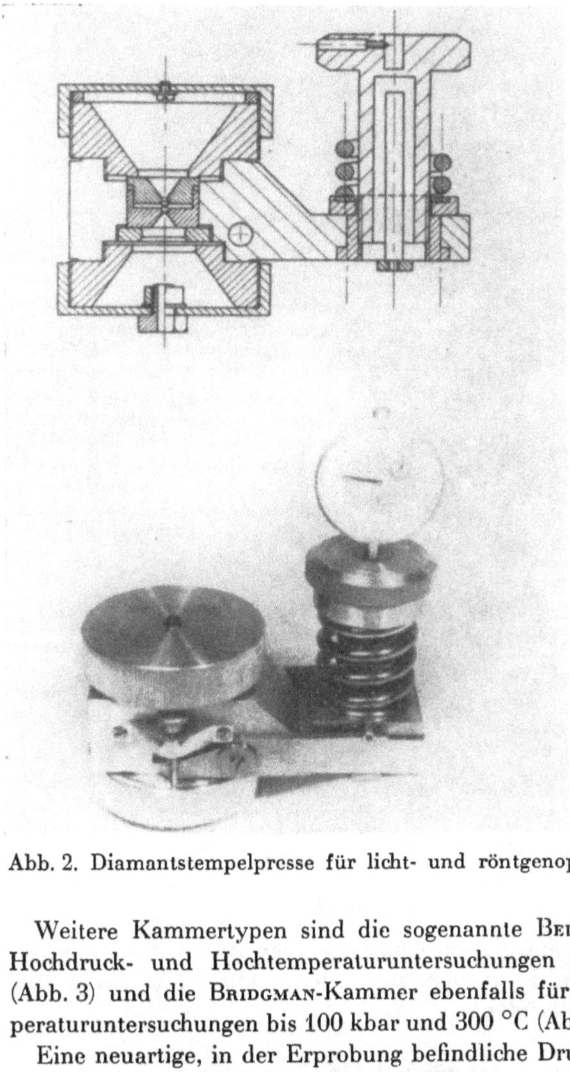

Abb. 2. Diamantstempelpresse für licht- und röntgenoptische Untersuchungen.

Weitere Kammertypen sind die sogenannte Belt-Kammer für gleichzeitige Hochdruck- und Hochtemperaturuntersuchungen bis 60 kbar und 1500 °C (Abb. 3) und die Bridgman-Kammer ebenfalls für Hochdruck- und Hochtemperaturuntersuchungen bis 100 kbar und 300 °C (Abb. 4).

Eine neuartige, in der Erprobung befindliche Druckanlage ist die sogenannte Kugelkammer (Abb. 5), mit der Drücke bis zu einer Million Atmosphären zu erwarten sind, eine auf statischem Wege erreichte Druckgrenze, die im Weltmaßstab bisher sehr selten realisiert wurde.

In Verbindung mit diesen verschiedenartigen Druckanlagen und Kammertypen wurden Meßverfahren unterschiedlichen Typs zur Messung der physikalischen Eigenschaften der untersuchten Proben entwickelt.

Abb. 3. „Belt“-Kammer, speziell zur Untersuchung des Phasenverhaltens bei extremen Drücken und Temperaturen.

Es sei mir nun gestattet, einige Bemerkungen zu den Interpretationsprinzipien zu machen, nach denen die gemeinsame Interpretation von laborativen und geophysikalischen Daten erfolgt.

Bemerkungen zu den verwendeten Interpretationsprinzipien

Aus geophysikalischen Daten lassen sich für die Erde und im Prinzip auch für andere Planeten eine Reihe von Parametern, wie Dichte, Ausbreitungsgeschwindigkeiten seismischer Wellen, elektrische Leitfähigkeit, thermische Leitfähigkeit u. a., mit Hilfe von Modellvorstellungen als Funktion der Tiefe im Planeteninneren ableiten. Da mit der Tiefe Druck und Temperatur varii-

Abb. 4. Bridgman-Kammer, insbesondere zur Messung des elektrischen Widerstandes bei extremen Drücken und Temperaturen.

ren, sind diese geophysikalischen Tiefenprofile funktionell abhängig auch von den entsprechenden Druck- und Temperaturverteilungen. Für die Vergleiche zwischen geophysikalisch abgeleiteten und für bestimmte Tiefenbereiche gültigen Parametern und den entsprechenden Labordaten muß man sich geeigneter Extrapolationen bedienen. Entweder man korrigiert die geophysikalischen Daten bezüglich Druck und Temperatur so, daß sie in etwa den Laboratoriumsbedingungen vergleichbar werden oder man transformiert die Laboratoriumsdaten auf die Verhältnisse im Erdinneren. Während man bei den geophysikalischen Größen keinerlei Informationen über die chemische Beschaf-

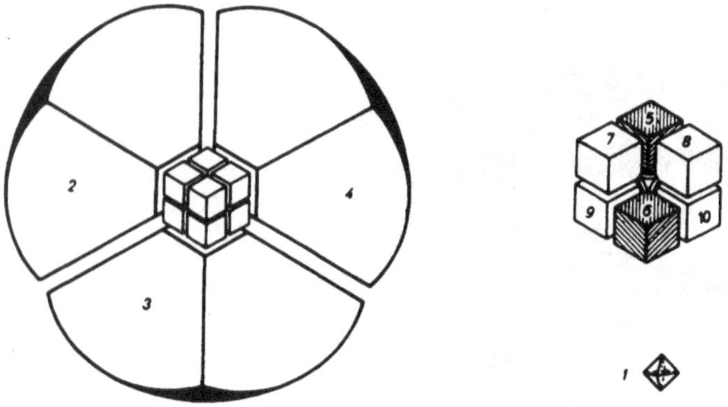

Abb. 5. Höchstdruck-Kugelkammer

1 — Probe
2, 3, 4 — äußere Kugelstempel
5, 6 — innere Korundstempel
7, 8, 9, 10 — innere Hartmetallstempel

fenheit der Planetenmaterie in den betreffenden Tiefen zur Verfügung hat, kann man die Labordaten nach bestimmten Stoffgruppen klassifizieren. Aus dem Vergleich zwischen reduzierten geophysikalischen Daten und Laborwerten oder zwischen transformierten Labordaten und geophysikalischen Werten kann man gewisse Schlußfolgerungen über das Vorkommen bestimmter Stoffgruppen mit bestimmten physikalischen Parametergruppen in entsprechenden Tiefenbereichen des Planeten ziehen. Das entscheidende Hilfsmittel für diese Reduktionen bzw. Transformationen sind die sogenannten geophysikalischen Zustandsgleichungen verschiedenen Typs geworden. Bei der Aufstellung bzw. Ableitung solcher Zustandsgleichungen, bei denen Druck bzw. Inkompressibilität als Funktion der tiefenbedingten Dichteänderung dargestellt werden, ergeben sich in der Übersicht über die gegenwärtig im Gebrauch befindlichen Zustandsgleichungen folgende Gruppierungsmöglichkeiten:

a) Empirische Zusammenhänge zwischen Druck und Dichte bzw. Schallgeschwindigkeiten und Dichte, wobei die Schallgeschwindigkeiten die Grundlage für die Bestimmung der Inkompressibilitäten darstellen.

b) Zusammenhänge zwischen Druck bzw. Inkompressibilität und Dichte mit Hilfe von Kontinuumsmodellen — meist auf der Theorie der endlichen Deformationen beruhend.

c) Zustandsgleichungen auf der Grundlage von Modellvorstellungen der Gittertheorie.

d) Zustandsgleichungen durch Kombination der obengenannten drei Gruppen.

Diese Zustandsgleichungen geben exakte Möglichkeiten für die Durchführung der erforderlichen Reduktions- und Transformationsrechnungen und für den Vergleich zwischen geophysikalischen und laborativen Daten. Dieser Vergleich — und das sei noch einmal betont — gestattet bei der Anwendung beider Datengruppen gewisse Aussagen über die stofflichen Eigenschaften in verschiedenen Tiefenbereichen im Erdinneren.

Meßergebnisse und Erdaufbau

Beim Einsatz von Hochdruck- und Hochtemperaturmethoden für die Zwecke der Erforschung der Erde haben sich unter der Sicht der im Zentralinstitut für Physik der Erde erzielten Ergebnisse folgende grundsätzliche Aussagen ermöglicht, die im Übersichtsmodell (Abb. 6) zusammengefaßt sind. Im einzelnen wurden folgende Ergebnisse erzielt:

Die Untersuchungen von Gesteinen hinsichtlich des mechanischen und thermischen Verhaltens in niedrigen Druck- und Temperaturbereichen, wie sie für

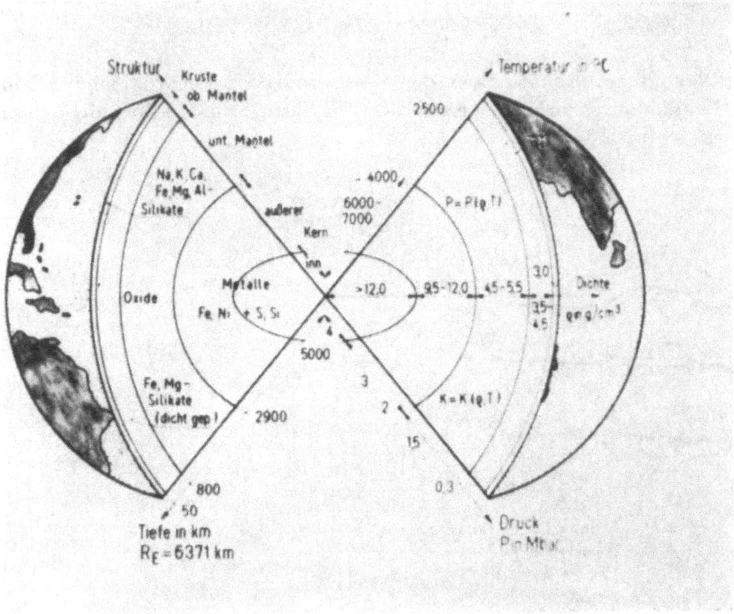

Abb. 6. Strukturell-stoffliches und physikalisches Erd-Modell.

die Erdkruste typisch sind, haben zu Ergebnissen geführt, die bezüglich der Abhängigkeit der Schallgeschwindigkeiten vom Druck in Abb. 7 dargestellt sind. Die Kurven zeigen deutliche Unterschiede für verschiedene Gesteinsarten in Abhängigkeit von Porosität und Festigkeitsverhalten. Theoretische Untersuchungen zeigen, daß man diese Druckabhängigkeiten der Schallgeschwindigkeit formelmäßig sehr gut berechnen kann. Derartige Daten sind für die Bearbeitung seismischer Untersuchungsergebnisse der angewandten Geophysik und damit für die geologische Forschung von Bedeutung.

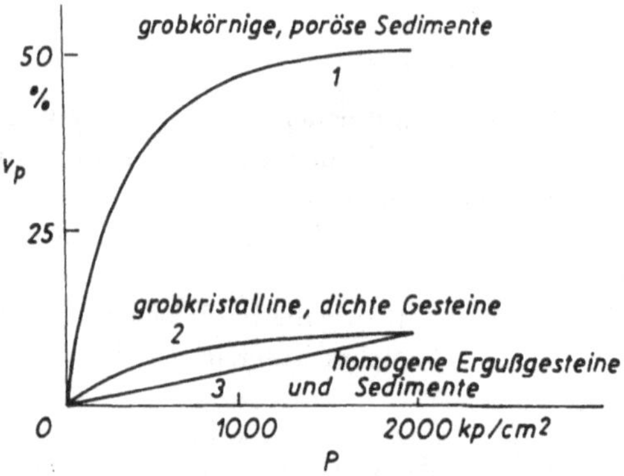

Abb. 7. Modellkurven zur Abhängigkeit der Geschwindigkeit longitudinaler Schallwellen vom Druck für verschiedenartige Gesteine [Δv_P-Schallgeschwindigkeitszunahme, P-Druck (hydrostatisch)].

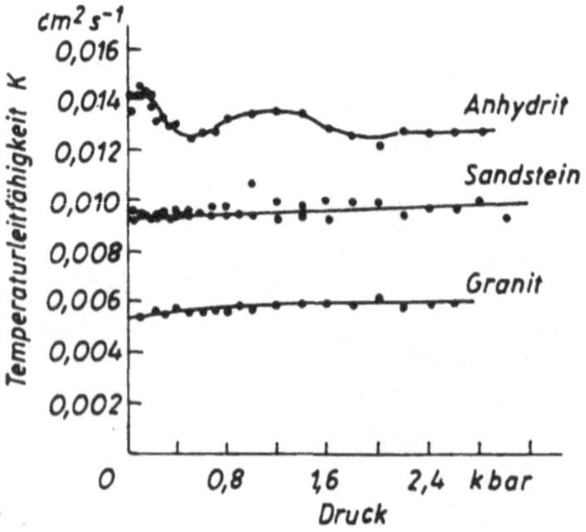

Abb. 8. Abhängigkeit der Temperaturleitfähigkeit verschiedener Gesteine vom Druck.

Bezüglich der thermischen Eigenschaften gibt die Abb. 8 Auskunft. Hier ist die Temperaturleitfähigkeit in Abhängigkeit vom Druck für verschiedenartige Gesteinsproben dargestellt. Derartige Untersuchungsergebnisse sind wichtig für die Bestimmung von Temperaturverteilungen in der Erdkruste. Wegen der Schwierigkeiten der Durchführung derartiger Messungen sind bisher nur aus wenigen Laboratorien erste Ergebnisse bekannt geworden.

Untersuchungen an Silikaten sind in Verbindung mit dem Geodynamik-Projekt u. a. für die Erforschung der Mechanismen von Konvektionsströmen im Erdmantel als Ursache für weiträumige geotektonische Bewegungen von großer Bedeutung. Zu den international gut untersuchten Silikaten unter dem Aspekt der hochdruck- und hochtemperatur-bedingten Eigenschaftsveränderungen wurden in Potsdam vorwiegend theoretische Untersuchungen durchgeführt, die sich auf der Basis quantenmechanischer und thermodynamischer Ansätze mit dem Verständnis des Phasen- und Strukturverhaltens dieser komplexen Verbindungen beschäftigt haben. Diese Ergebnisse sind wichtig für das physikalische Verständnis der Veränderungen der Materialeigenschaften im Bereich des oberen Erdmantels und insbesondere für den Übergang vom oberen zum unteren Erdmantel.

Analoge theoretische Überlegungen wurden dann auch für die Verhältnisse im unteren Erdmantel und dabei insbesondere im Hinblick auf den Grenzbereich unterer Erdmantel/äußerer Erdkern durchgeführt. Von besonderer Bedeutung ist dabei das physikalische Verständnis der sprungartigen Veränderungen wichtiger mechanischer und elektrischer Eigenschaften sowie des Dichteverhaltens in der Kern-Mantel-Region und der möglichen stofflichen Ursachen für die im äußeren Erdkern beobachtete Fluidität. Diese theoretischen Betrachtungen wurden unterstützt durch gezielte Laboruntersuchungen in den Potsdamer Laboratorien. Dabei war auf Grund von geophysikalischen und geochemischen Indikationen das Stoffsystem FeS einschließlich seiner Homologen von besonderem Interesse. Die Laboruntersuchungen ergaben bisher folgende Ergebnisse:

In Abb. 9 sind die spezifischen elektrischen Widerstände für FeS und einige Homologe als Funktion des Druckes dargestellt. Es zeigt sich, daß der Druck zu einer ausgeprägten Abnahme des elektrischen Widerstandes führt, die verbunden mit bindungschemischen Vorstellungen in der Extrapolation auf die Druckbedingungen im Erdkern eine deutliche Übereinstimmung der extrapolierten Leitfähigkeitswerte mit den geophysikalisch gegebenen Parametern erkennen läßt. Darüber hinaus sei erwähnt, daß leichte Legierungselemente, wie Schwefel, die Schmelztemperatur der betrachteten Stoffe des äußeren Erdkerns merklich verringern, so daß Fluidität im äußeren Erdkern sich auf diese Weise im Prinzip erklären läßt.

Zur Unterstützung dieses Interpretationsmodells wurden erstmals die Druckabhängigkeiten der Longitudinalwellengeschwindigkeiten in FeS untersucht, die in der Extrapolation die gleiche Tendenz hinsichtlich der Übereinstimmung mit den geophysikalischen Befunden zeigen (Abb. 10).

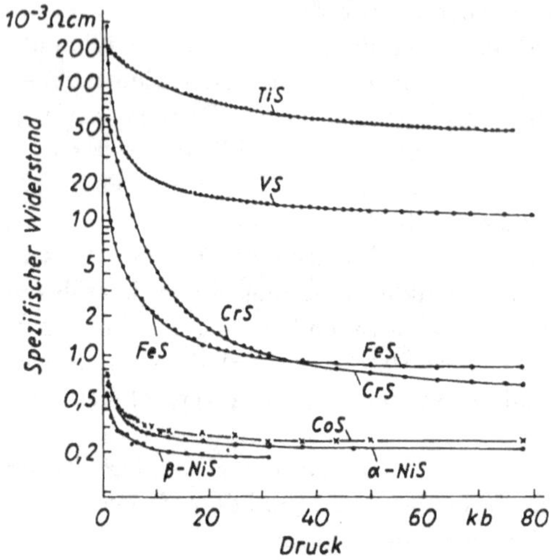

Abb. 9. Spezifischer elektrischer Widerstand von TiS, VS, CrS, FeS, CoS, α-NiS und β-NiS als Funktion des Druckes.

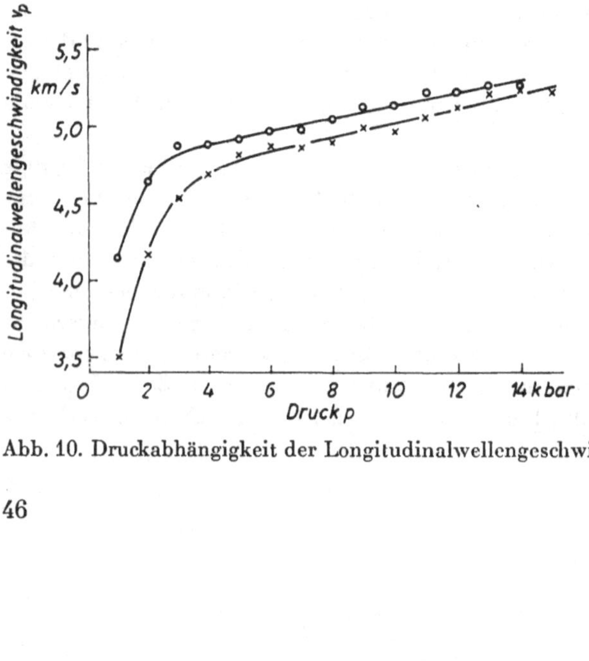

Abb. 10. Druckabhängigkeit der Longitudinalwellengeschwindigkeit in FeS.

Darüber hinaus wurde im Bereich des Stoffsystems FeS und Homologe mit Hilfe der Diamantstempelapparatur das druckbedingte Struktur- und Phasenverhalten untersucht. Als Beispiel hierfür wird in Abb. 11 eine Phasenänderung von Mangansulfid dargestellt, die mit lichtoptischen und röntgenographischen Methoden nachgewiesen werden konnte. Man sieht deutlich aus dem Farbumschlag bzw. der Linienverbreiterung der Röntgenreflexe den Hochdruckeinfluß auf die Phasenänderung.

Durch Arbeiten in Potsdam konnte gezeigt werden, daß sich alle obengenannten geophysikalischen Zustandsgleichungen auf eine einzige Zustandsgleichung zurückführen lassen bzw. aus dieser Zustandsgleichung abgeleitet werden können. Dieser liegt ein kombiniertes Debye-Grüneisen-Modell zugrunde und stellt das gegenwärtige einfachste, allen obigen Zustandsgleichungen gemeinsame Ableitungsprinzip unter der Sicht der Anpassung an den immer mit gewissen Unsicherheiten behafteten geophysikalischen Beobachtungsbefund dar. Man kann selbstverständlich auch wesentlich kompliziertere und anspruchsvollere mathematische Ansätze finden, in denen die obigen Zustandsgleichungen geophysikalischer Prägung als Spezialfälle enthalten sind. In der Ablei-

Abb. 11 a.

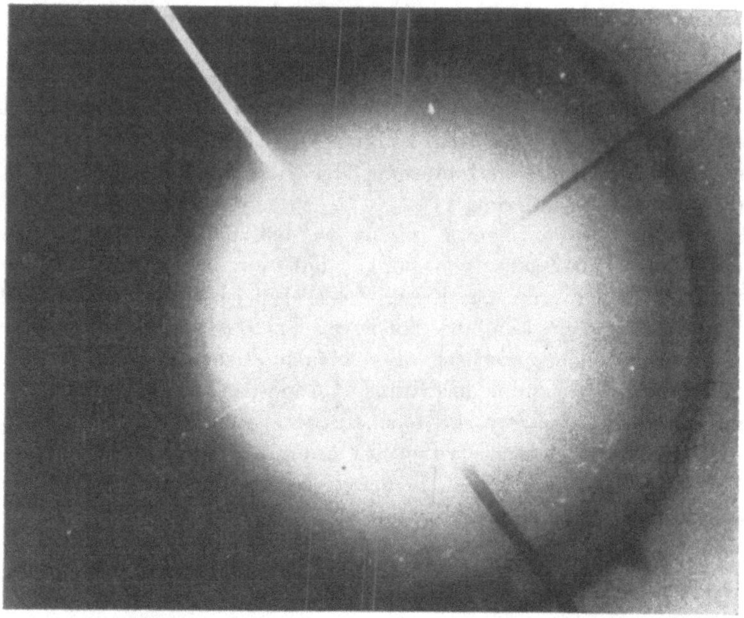

Abb. 11 b.

Abb. 11. Druckbedingte Phasenänderung in Mangansulfid (MuS) bei 100 kbar
a) optische Indikation — der neue Phasenzustand zeigt sich im Zentrum durch einen Intensitätswechsel (original: Farbumschlag gelb → rot)
b) röntgenographische Indikation — die Phasenänderung markiert sich in der Verbreiterung des (220)-Reflexes.

tung des unter geophysikalischer Sicht einfachsten Modells liegt jedoch ein Generalisierungsprinzip, das die Anwendbarkeit eines solchen Modells bei analogem geophysikalischem Beobachtungsbefund auch bei anderen Planeten erwarten läßt und so die kosmogonische Einheit der Planetenmaterie erfaßt. Das ist insbesondere der Fall, wenn man klare Analogien des physikalischen Verhaltens der Gesteine und Minerale dieses Planeten mit denen der Erde im Labor nachweisen kann, wie es beispielsweise mit der Anwendung der Diamantstempelkammer beim Mond möglich ist.

Meßergebnisse und Mondaufbau

Die Mondbodenproben der sowjetischen Stationen Luna 16 und Luna 20 wurden mit physikalischen, chemischen und mineralogischen Methoden in den verschiedenen Instituten der Akademie der Wissenschaften der DDR und des Hochschulwesens untersucht.[1])

Methodisch von besonderem Interesse war die Frage der Erzielung reproduzierbarer und damit repräsentativer Meßergebnisse für Probenmengen im Bereich der unteren Genauigkeitsgrenzen vieler verfügbarer Meßverfahren. Die hierbei erzielten methodischen Fortschritte sind für verschiedene Forschungsrichtungen von großem Wert. Es zeigt sich, daß die erzielten chemischen Ergebnisse mit den Resultaten anderer Laboratorien inhaltlich übereinstimmen.

Die physikalischen Messungen jedoch sind methodisch und bezüglich der Ergebnisse in vieler Hinsicht unikal. Im vorliegenden Vortrag wird deshalb besonders auf einige der dabei erzielten Ergebnisse eingegangen, die mit der gewählten Thematik im engen Zusammenhang stehen und im Übersichtsmodell (Abb. 12) für den Mond dargestellt sind.

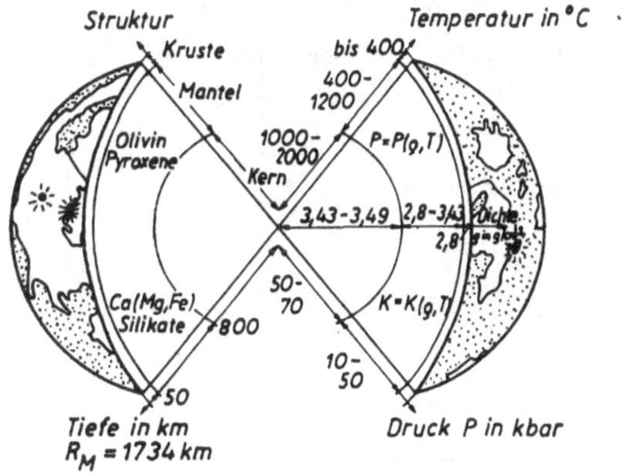

Abb. 12. Strukturell-stoffliches und physikalisches Mond-Modell.

In Abb. 13 ist die Druckabhängigkeit der Geschwindigkeit longitudinaler Ultraschallwellen für verschiedene lunare und terrestrische Gesteine angegeben, wobei sich die terrestrischen Werte im oberen Teil und die lunaren Resultate im unteren Teil der Darstellung gruppieren. Die Abhängigkeiten für die beiden Probengruppen lassen sich auf der Grundlage theoretischer Modellrechnungen aus einer einzigen Formel ableiten, die sowohl den Besonderheiten der lunaren als auch denen der terrestrischen Proben gerecht wird.

---

[1] Eine Zusammenstellung aller beteiligten Institutionen ist diesem Vortrag als Anhang beigefügt.

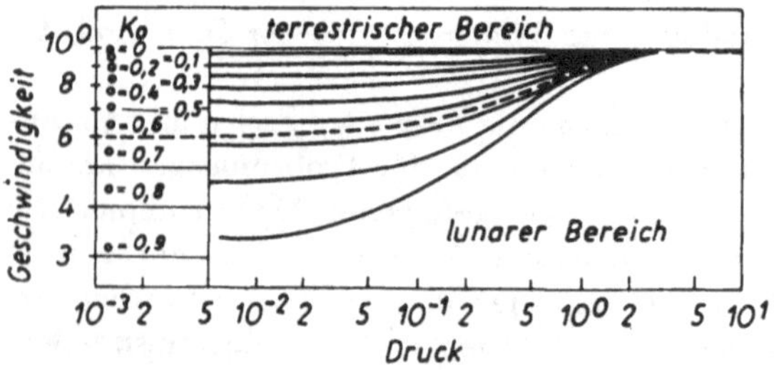

Abb. 13. Modellkurven für die Druckabhängigkeit der Geschwindigkeit longitudinaler Ultraschallwellen, wie sie terrestrischen und lunaren Gesteinsproben entsprechen. (K_0-Parameter, der die unvollkommenen elastischen Bindungen im Gestein charakterisiert.)

Außerdem wurden petrographische Studien zum Bruchverhalten lunarer und terrestrischer Gesteine und Minerale durchgeführt. Für beide Probengruppen zeigt sich ein analoges Bruchverhalten trotz gewisser Unterschiede in den äußeren physikalischen Bedingungen bei beiden planetaren Körpern.

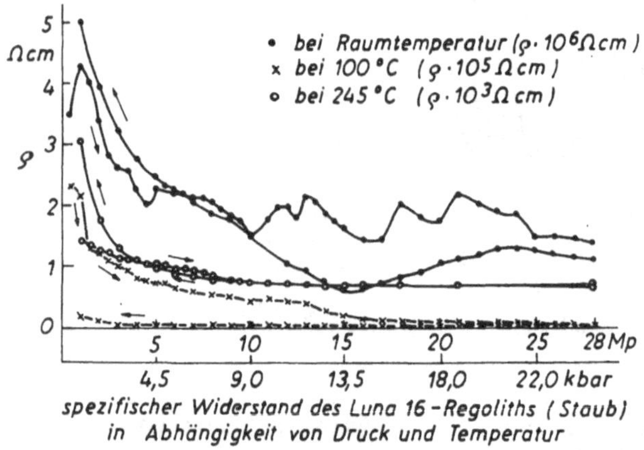

Abb. 14 a

Betrachtet man das elektrische Widerstandsverhalten lunarer Mikroproben und die Abhängigkeit vom Druck und der Temperatur, so ergeben sich die in Abb. 14 dargestellten Ergebnisse. Der Verlauf der Kurven zeigt den Einfluß der auf der Mondoberfläche erfolgten besonderen mechanischen Beanspruchung der lunaren Proben. Der Druckeinfluß nivelliert diese mechanisch bedingte Unruhe und zeigt nach Wiederholungsdurchläufen ein analoges elektrisches Verhalten wie bei terrestrischen Proben.

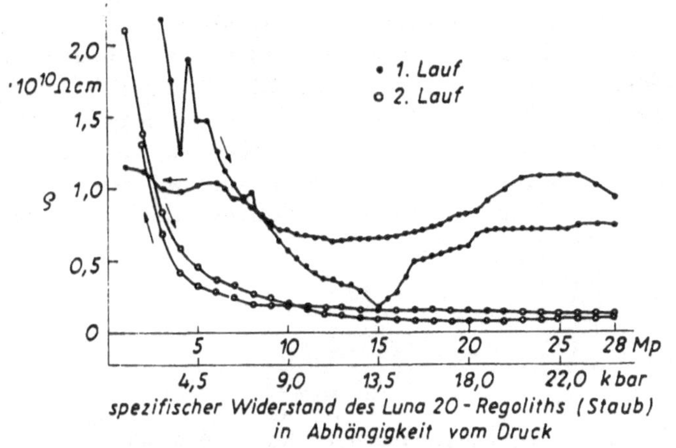

Abb. 14 b

Abb. 14. Abhängigkeit des spezifischen elektrischen Widerstandes in der Staubfraktion des Regoliths von Druck und Temperatur
a) Luna-16-Regolith
b) Luna-20-Regolith.

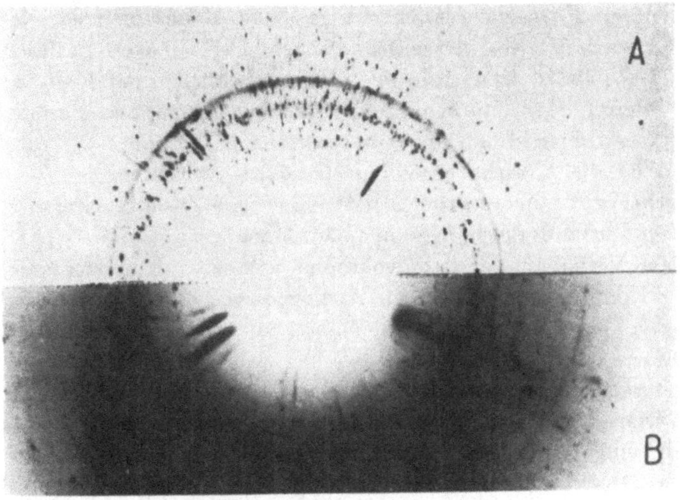

Abb. 15. Röntgenbeugung von lunarem Anorthit:
A — bei Normaldruck, B — bei 100 kbar.

Der Druckbereich, der mit der Diamantstempelkammer erzielt werden kann, reicht aus, um die Druckbedingungen bis zum Mondinneren zu simulieren. Ergebnisse des Strukturverhaltens unter diesen Druckbedingungen zeigt die Abb. 15. Auch hier ist eine weitgehende Übereinstimmung mit dem druckabhängigen Strukturverhalten terrestrischer Analoga zu beobachten, was von entscheidender Bedeutung für die Anwendung von terrestrisch bewährten Methoden zur quantitativen Beschreibung des Zustandsverhaltens auch beim Mond ist.

4. Schlußfolgerungen

Unter Berücksichtigung der vorangegangenen Darlegungen gelangt man zu einigen Schlußfolgerungen, die wie folgt zusammengefaßt werden können:

a) Aus der wechselseitigen Adaptierbarkeit von laborativem und geophysikalischem Befund mittels eines physikalisch-stofflich konsistenten Systems von Zustandsgleichungen mit einem Gültigkeitsbereich bis 5 Mill. Atmosphären und 6000 bis 7000 °K im Erdinneren und Generalisierbarkeit auch auf andere planetare Körper lassen sich einige Tendenzen für das physikalische Materialverhalten unter diesen thermodynamischen Bedingungen erkennen:

Die großen planetaren Körper verhalten sich in erster Näherung ideal elastisch, und zwar für mechanische Kurzzeitbelastungen. Der hohe Druck führt bereits bei einigen 100 kbar, d. h. noch in den äußeren Schichten der Erde, zu einer starken Nivellierung der Atomvolumina und der Inkompressibilitäten der betroffenen Elemente in Richtung eines monoatomaren Verhaltens.

Dieses Verhalten ist die Ursache für die festgestellte Anwendbarkeit verhältnismäßig einfacher gittertheoretischer Ansätze bei der Zusammenfassung der geophysikalischen Zustandsgleichungen in einem Modell.

Entsprechend dem Verhalten der Atomvolumina nehmen mit größer werdendem Druck die Koordinationszahlen zu. Analog dazu verändert sich das chemische Bindungsverhalten, und zwar von ionarer zu metallischer Bindung bei sehr hohen Drücken.

Die Hochdruckphasen einer Vielzahl von Materialien sind stabil und zeigen u. a. ausgeprägte Verbesserungen in den mechanischen Festigkeitseigenschaften.

b) Da, wie bereits eingangs erwähnt, Mond und Erde unter dem Aspekt der thermodynamischen Druck- und Temperaturbedingungen Grenzfälle für die gesamte Gruppe des inneren Planetensystems darstellen und nach den obigen Ergebnissen auch in analoger Weise mit gleichen methodischen Hilfsmitteln behandelt werden können, ergibt sich unter Berücksichtigung der Ergebnisse, die bisher für die anderen Planeten dieser Gruppe vorliegen, eine weitgehende Analogie für die gesamte Gruppe der erdnahen Planeten.

c) Für die Gruppe der äußeren Planeten, für die in den nächsten Jahren zunehmend relevantes Datenmaterial zu erwarten ist, gelten analoge Reduktions- und Transformationsprinzipien auf der Grundlage modifizierter Zustandsgleichungen, die den stofflichen und physikalischen Besonderheiten dieser Planeten entsprechen.

Die obigen Ausführungen zeigen, daß es mit zunehmender Sicherheit möglich ist, den Einfluß der extremen thermodynamischen Bedingungen im Inneren von Planeten qualitativ und quantitativ zu verstehen, zu berücksichtigen und in geeigneter Form zu nutzen. Damit ist ein weiterer Beitrag zur Entwicklung einer quantitativen Theorie des Planetensystems möglich, wobei eine den inneren Planeten analoge Darstellung für die äußeren Planeten noch erhebliche Anstrengungen erfordern wird.

Das gleiche betrifft auch die Berücksichtigung der planetaren Zeitmaßstäbe bei der Erfassung und Beschreibung von physikalisch-stofflichen Langzeitprozessen in den Planeten.

Die stürmische Entwicklung auf diesem Gebiet läßt nicht zuletzt auf der Grundlage solcher Betrachtungen weitere wesentliche Beiträge zum wissenschaftlichen Weltbild erwarten.

Anhang

Am Mondbodenuntersuchungsprogramm der AdW der DDR beteiligte Institute und Einrichtungen

I. Institute der AdW der DDR:

Zentralinstitut für Physik der Erde
15 Potsdam
Telegrafenberg

Zentralinstitut für Elektronenphysik
108 Berlin
Mohrenstraße 40/41

Zentralinstitut für physikalische Chemie
Abt. Strukturforschung
1199 Berlin
Rudower Chaussee 5

Institut für Festkörperphysik und Elektronenmikroskopie
401 Halle
Am Weinberg 2

Zentralinstitut für Isotopen- und Strahlenforschung
705 Leipzig
Permoserstraße 15

II. Universitäten und Hochschulen:

KMU Leipzig
Fachbereich Geophysik
701 Leipzig
Talstraße 35
Bergakademie Freiberg
AG Geochemie/Mineralogie
92 Freiberg
Zeunerstraße 1
Humboldt-Universität Berlin
Sektion Physik
Bereich Kristallographie
104 Berlin
Invalidenstraße 43

Literatur

[1] Žarkov, V. N., V. P. Trubicin und L. V. Samsonenkov: Fiziki Zemli i Planet. Izdatel'stvo „Nauka", Moskva, 1973.
[2] Žarkov, V. N., und V. A. Kalinin: Uravnenija sostojanija tverdych tel pri vysokich davlenijach i temperaturach. Izdatel'stvo „Nauka", Moskva, 1968.
[3] Stiller, H.: Physikalisch-chemische Materialuntersuchungen im Rahmen des Geodynamik-Projektes. Geod. Geoph. Veröff. R III, H. 28 (1973), 41—48.
[4] Stiller, H., und H. Vollstädt: Festkörper unter hohen Drücken und Temperaturen. Veröff. Zentralinstitut Physik der Erde. Potsdam, Nr. 17 (1972), 9—31.
[5] Stiller, H., H. Vollstädt und F. C. Wagner: A model for the v_p-pressure function of cracked lunar rocks and some possible seismological consequences. Tectonophysics (1975), im Druck.
[6] Vollstädt, H., und U. Seipold: Beiträge zum stofflichen Zustand des Erdinnern aus physikalischen Messungen unter extremen p,T-Bedingungen. Veröff. Zentralinstitut Physik der Erde, Potsdam, Nr. 29 (1974), 33—44.
[7] Vollstädt, H., R. Heinrich, V. A. Dubrovskij: Beiträge zum Hochdruckverhalten von Chalkogeniden. Veröff. Zentralinstitut Physik der Erde, Potsdam, Nr. 22 (1974), 35—41.

FSC
www.fsc.org
MIX
Papier | Fördert gute Waldnutzung
FSC® C083411

Kolibri 360 GmbH
Ferdinand-Jühlke-Straße 7
99095 Erfurt, Deutschland
produktsicherheit@kolibri360.de